周 期 表

10	11	12	13	14	15	16	17	18
								₂He ヘリウム 4.003
			₅B ホウ素 10.81	₆C 炭素 12.01	₇N 窒素 14.01	₈O 酸素 16.00	₉F フッ素 19.00	₁₀Ne ネオン 20.18
	12族元素は典型元素に 分類される場合もある。		₁₃Al アルミニウム 26.98	₁₄Si ケイ素 28.09	₁₅P リン 30.97	₁₆S 硫黄 32.07	₁₇Cl 塩素 35.45	₁₈Ar アルゴン 39.95
₂₈Ni ニッケル 58.69	₂₉Cu 銅 63.55	₃₀Zn 亜鉛 65.38	₃₁Ga ガリウム 69.72	₃₂Ge ゲルマニウム 72.63	₃₃As ヒ素 74.92	₃₄Se セレン 78.96	₃₅Br 臭素 79.90	₃₆Kr クリプトン 83.80
₄₆Pd パラジウム 106.4	₄₇Ag 銀 107.9	₄₈Cd カドミウム 112.4	₄₉In インジウム 114.8	₅₀Sn スズ 118.7	₅₁Sb アンチモン 121.8	₅₂Te テルル 127.6	₅₃I ヨウ素 126.9	₅₄Xe キセノン 131.3
₇₈Pt 白金 195.1	₇₉Au 金 197.0	₈₀Hg 水銀 200.6	₈₁Tl タリウム 204.4	₈₂Pb 鉛 207.2	₈₃Bi ビスマス 209.0	₈₄Po ポロニウム (210)	₈₅At アスタチン (210)	₈₆Rn ラドン (222)
₁₁₀Ds ダームスタチウム (281)	₁₁₁Rg レントゲニウム (280)	₁₁₂Cn コペルニシウム (285)	₁₁₃Nh ニホニウム (284)	₁₁₄Fl フレロビウム (289)	₁₁₅Mc モスコビウム (288)	₁₁₆Lv リバモリウム (293)	₁₁₇Ts テネシン (293)	₁₁₈Og オガネソン (294)
		+2	+3		−3	−2	−1	
			ホ ウ 素 族	炭 素 族	窒 素 族	酸 素 族	ハ ロ ゲ ン	貴 ガ ス 元 素
			典型元素					

₆₄Gd ガドリニウム 157.3	₆₅Tb テルビウム 158.9	₆₆Dy ジスプロシウム 162.5	₆₇Ho ホルミウム 164.9	₆₈Er エルビウム 167.3	₆₉Tm ツリウム 168.9	₇₀Yb イッテルビウム 173.1	₇₁Lu ルテチウム 175.0
₉₆Cm キュリウム (247)	₉₇Bk バークリウム (247)	₉₈Cf カリホルニウム (252)	₉₉Es アインスタイニウム (252)	₁₀₀Fm フェルミウム (257)	₁₀₁Md メンデレビウム (258)	₁₀₂No ノーベリウム (259)	₁₀₃Lr ローレンシウム (262)

コ・メディカル 化学

改訂版

医療・看護系の ための基礎化学

齋藤勝裕・荒井貞夫・久保勘二　共著

Co-Medical Chemistry

裳 華 房

Co-Medical Chemistry

revised edition

by

Katsuhiro SAITO

Sadao ARAI

Kanji KUBO

SHOKABO

TOKYO

まえがき

　本書『コ・メディカル化学 (改訂版)』は、『コ・メディカル化学』を改訂したものである。おかげさまで『コ・メディカル化学』は多くの方々に喜んでいただいて版を重ねたが、2013年の発刊以来10年を過ぎ、その間に新しい知見が増えてきた。本書はそのような新知見、新理論を加味したものである。

　本書は主に医療系、看護系の大学・短大および専門学校などにおける化学の教科書、参考書として編纂されたものである。

　これらの大学・短大および専門学校は、言うまでもなく人体を扱う人材を育てる機関である。そして人体は有機物をはじめとした、極めて多種類の化学物質の集合体である。このような人体を扱う場合に、必須になるのが化学の知識である。広範にして正確な化学知識なくして、人体という化学物質集合体を的確に扱うことは不可能である。

　もし扱うことができたとしても、それは極めて皮相的な、技術的な取り扱いに終始するものであり、人体という複雑で精妙な複合体を、十分に理解して扱ったことにはならない。人体という複雑な物体の組織を理解し、その働きを理解するには化学の知識が必須である。

　本書は、化学的基礎知識をほとんど持たない学生諸君にとっても、なんの問題もなく読み進むことができるように作ってある。本書を読むのに高校の化学の知識は必要ない。本書を読むために必要な化学的基礎知識は、全てその都度本書に解説してある。読者諸君は何の準備もないまま本書を読み進んでくださればよい。そうすれば読み終えたときには、現場で患者さんに接するために十分な化学的知識を身に付けておられることだろう。

　そのために本書の執筆陣は、長年培ったノーハウを存分に生かして本書を作っている。きっと読者諸君の満足をいただくことができるものと確信する。

　最後に本書執筆に当たって参考にさせていただいた書籍の執筆者、出版社の関係者、並びに本書出版に並々ならぬ努力を注いでくださった裳華房の小島敏照氏に感謝申し上げる。

2022年10月

著 者 一 同

目　　次

第5章　物質の量と状態

第6章　溶液の化学

第7章　酸・塩基と酸化・還元

第 II 部　有 機 化 学

第 8 章　有機化合物の構造

第 9 章　異性体と立体化学

第 10 章　有 機 化 学 反 応

第11章　高分子化合物

第12章　糖類と脂質

第13章　アミノ酸とタンパク質

第14章　核　酸 ―DNAとRNA―

目　次

Column

執 筆 分 担（担当章順）

荒井 貞夫　　第 1〜4 章
久保 勘二　　第 5〜7 章
齋藤 勝裕　　第 8〜14 章

第 I 部　基　礎　化　学

　原子と呼ばれる極めて小さな粒子から構成されている私たちのからだの中では、絶え間ない化学反応が起こり生命が維持されている。一方、医療の場では、病気の診断や治療のため、医薬品、医用材料、臨床検査試薬など、さまざまな化学物質が利用されている。したがって、適切で安全な医療を行うためには、これら化学物質の性質の理解と、化学現象に対する基本的な考え方を身に付けることが必要である。第 I 部では、物質を構成する原子の構造、物質中の原子やイオンの結び付き、物質量の取り扱い、溶液の性質、酸と塩基、酸化と還元など基本的な項目を中心に学ぶ。

第 1 章　原子の構造と放射能
第 2 章　原子の電子構造
第 3 章　周期表と元素
第 4 章　化学結合と分子
第 5 章　物質の量と状態
第 6 章　溶液の化学
第 7 章　酸・塩基 と 酸化・還元

第1章 原子の構造と放射能

　私たちのからだをはじめ、地球上のありとあらゆる物質[*1]は、原子と呼ばれる非常に小さな粒子が組み合わさってできている。一方、原子の中には、不安定で放射線を放出するものもある。放射線は、がんの診断・治療などの医療分野で利用されているが、放射能汚染の問題もある。本章では、物質の世界を理解するための第一歩として、物質の基本粒子である原子の構造と、原子の性質の一つとして放射能について学ぶ。

*1　物質は次のように分類されている。

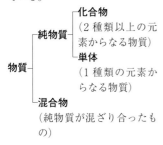

物質 ┬ 純物質 ┬ 化合物（2種類以上の元素からなる物質）
　　　│　　　└ 単体（1種類の元素からなる物質）
　　　└ 混合物（純物質が混ざり合ったもの）

*2　人体は次のような階層構造をしている。

　人体 → 器官（心臓、肝臓、腎臓など）→ 組織（上皮、支持、筋、神経の4つ）→ 細胞 → 細胞小器官（ミトコンドリア、核、リボソームなど）→ 分子（水、タンパク質、糖質、脂質、核酸など）→ 原子

*3　これら11種類の元素は、生体が生命を維持するために欠かせない元素、必須元素である。また、O、C、H、Nを除く元素はミネラルとも呼ばれる。また、微量必須元素（微量ミネラル）として、鉄 Fe、亜鉛 Zn、マンガン Mn、銅 Cu、セレン Se、モリブデン Mo、ヨウ素 I、クロム Cr、コバルト Coなどがある。

1・1 生体の構成元素と原子

　私たちのからだは約60兆個の細胞からできており、これら細胞の内部では多彩な化学変化が進行して、生命が維持されている[*2]。細胞が多数集まると組織となり、複数の組織が組み合わさって心臓、肝臓、脳などの器官が形成される。細胞の基本材料は、水・タンパク質・糖質・脂質・核酸などの生体分子である。そして、生体分子は元素と呼ばれる基本的な成分で構成されており、元素の種類は元素記号で表される。人間のからだを構成する主な元素は酸素 O、炭素 C、水素 H、窒素 N の4種類である（図1・1）。これらの元素だけで、人体の重量の96％に達する。さらに、カルシウム Ca、リン P、硫黄 S、カリウム K、ナトリウム Na、塩素 Cl、マグネシウム Mg の7種類を加えた11種類で99.3％を占める[*3]。これら元素は、原子と呼ばれる極めて小さな粒子を実体とする集

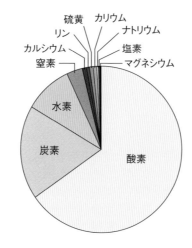

元素名	元素記号	重量比（%）
酸素	O	65.0
炭素	C	18.0
水素	H	10.0
窒素	N	3.0
カルシウム	Ca	1.5
リン	P	1.0
硫黄	S	0.25
カリウム	K	0.2
ナトリウム	Na	0.15
塩素	Cl	0.15
マグネシウム	Mg	0.05

図1・1　生体の主な構成元素

合体であるといえる[*4]。

1・2　原子の構造

　全ての物質の基本構造である原子は、直径 10^{-10} m（100 億分の 1 m ＝ 1 Å（オングストローム））程度、質量 10^{-24} 〜 10^{-22} g の極めて小さな粒子である。原子の中心には正電荷を持つ**原子核**があり、その周りを、負電荷を持つ**電子**が取り囲んでいる（**図1・2**）[*5]。原子核の直径は、原子の直径の 10 万分の 1 とさらに小さく、10^{-15} m 程度である。原子核は正の電気を持つ**陽子**と、電荷を持たない**中性子**の 2 種類の粒子からできている（**表1・1**）。

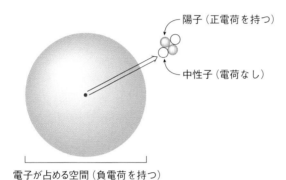

陽子（正電荷を持つ）

中性子（電荷なし）

電子が占める空間（負電荷を持つ）

図1・2　ヘリウム原子の模型

表1・1　原子の構成粒子

粒子		質量 (g)	電気量 (C)	電荷
電子		9.109×10^{-28}	-1.6×10^{-19}	-1
原子核	陽子	1.673×10^{-24}	$+1.6 \times 10^{-19}$	$+1$
	中性子	1.675×10^{-24}	0	0

　正の電気を持つ陽子と負の電気を持つ電子の電気量は、絶対値が同じで符号が反対である（**表1・1**）[*6]。また、原子中の陽子の数と電子の数は等しい。したがって、原子全体では電気的に中性である。このように、原子は陽子、中性子、電子から構成されている。

1・3　原子核と同位体

1・3・1　原子番号と質量数

　現在 110 種類あまりの元素が知られている。元素の種類は原子核を構成する陽子の数によって決まり、これを**原子番号**という。例えば、陽子数 1 すなわち原子番号 1 の元素は水素、陽子数 6 すなわち原子番号 6 の

[*4]　物質を作っているもとになるものを元素といい、元素の実体である粒子を原子という。例えば、気体の酸素は、酸素 O という元素から構成され、酸素原子という粒子が 2 個結びついた酸素分子 O_2 として存在している。同じ原子番号を持つ原子の集合体が元素であると表現してもよい。例えば、酸素原子として $^{16}_{8}O$, $^{17}_{8}O$, $^{18}_{8}O$ の 3 種類の原子があるが（p.5 の表1・2参照）、これらは酸素という同じ元素に属する。

[*5]　20 世紀はじめには、太陽を中心に地球が回っているように、原子核から一定距離の円軌道上を電子が回っている原子構造が考えられていた。しかし現在では、原子核を中心に、電子が存在する確率の高い球状の空間として原子構造を表している。図1・2 の原子核は直径 1 mm で表してあるので、原子の直径は 10 万倍すなわち 100 m の大きさになる。

[*6]　粒子が持つ電気が電荷であり、その電気の量を電気量という。電荷は、陽子あるいは電子の 1 個が持つ電気量の大きさ 1.6×10^{-19} C（クーロン）を 1 として、正・負の符号を付けて表される（表1・1）。

*7　酸素 O の単体には酸素 O_2 とオゾン O_3 がある。このように同じ元素からなる単体で、性質の異なる物質を互いに**同素体**であるという。また、炭素 C、リン P、硫黄 S にも同素体がある（p.29 側注 6 参照）。

質量数
＝陽子数 + 中性子数

$^{4}_{2}\mathrm{He}$

原子番号
＝陽子数 = 電子数

図1・3　原子の表記法

*8　同位体が存在しない元素として、天然にはフッ素 F、ナトリウム Na、アルミニウム Al などの約 20 種類がある。

*9　原子間の結合の形成、結合の切断を伴う化学反応や、物質の化学的性質には、原子核の周りに存在する電子が関与している。原子核が関わる反応は原子核反応である。

元素は炭素であり、それぞれ元素記号 H、C で表す。このように、原子番号で元素の種類は決定される[*7]。

　また、電子の質量は、原子核を構成する陽子や中性子の約 1/1840 と小さいので、原子全体の質量は原子核の質量にほぼ等しい（表1・1）。したがって、陽子の数と中性子の数の和をその原子の**質量数**という。そこで、元素記号の左上に質量数、左下に原子番号（＝陽子数 = 電子数）を添えて原子を表す。例えば、ヘリウムは陽子数 2、中性子数 2、すなわち質量数 4 であるので、$^{4}_{2}\mathrm{He}$ と表す（**図1・3**）。

1・3・2　同位体

　原子には、陽子数すなわち原子番号が同じでも、中性子数が異なるため、陽子と中性子の数の和である質量数が異なるものがある。これら原子を互いに**同位体**（アイソトープ）という。例えば、原子番号 1 の水素には 3 種類の同位体がある（**図1・4**）。最も普通に存在する水素は中性子を持たない $^{1}_{1}\mathrm{H}$ である。ほかに、中性子を 1 個持つ水素 $^{2}_{1}\mathrm{H}$（重水素ともいう）、中性子を 2 個持つ水素 $^{3}_{1}\mathrm{H}$（三重水素ともいう）がある。炭素にも 3 種類の同位体 $^{12}_{6}\mathrm{C}$、$^{13}_{6}\mathrm{C}$、$^{14}_{6}\mathrm{C}$ がある。天然に存在するほとんどの元素は何種類かの同位体からなっている[*8]。それぞれの同位体が存在する割合（存在比）を**表1・2**に示した。同位体同士は電子の数が等しいため、それらの化学的性質は同じである[*9]。

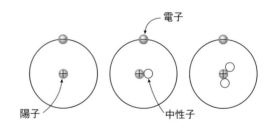

	$^{1}_{1}\mathrm{H}$ 軽水素	$^{2}_{1}\mathrm{H}$ 重水素	$^{3}_{1}\mathrm{H}$ 三重水素
陽子の数	1	1	1
中性子の数	0	1	2
質量数	1	2	3
電子の数	1	1	1

図1・4　水素の同位体

1・3・3　放射性同位体

　同位体には、原子核が安定で原子核に何の変化も起こらない**安定同位体**と、原子核が不安定であり放射線を放出して、ほかの安定な元素の原

表 1・2　主な元素の同位体

元素	同位体	陽子の数	中性子の数	存在比（%）
水素	^1_1H	1	0	99.9885
	^2_1H	1	1	0.0115
	^3_1H	1	2	極微量
炭素	$^{12}_6C$	6	6	98.93
	$^{13}_6C$	6	7	1.07
	$^{14}_6C$	6	8	極微量
酸素	$^{16}_8O$	8	8	99.757
	$^{17}_8O$	8	9	0.038
	$^{18}_8O$	8	10	0.205
塩素	$^{35}_{17}Cl$	17	18	75.76
	$^{37}_{17}Cl$	17	20	24.24

子に変化する**放射性同位体**（ラジオアイソトープ）[*10] がある。例えば水素の同位体では、^1_1H と ^2_1H は安定同位体であるが、^3_1H は放射性同位体である。また、$^{12}_6C$ と $^{13}_6C$ は安定同位体、$^{14}_6C$ は放射性同位体である。

ほとんどの元素に放射性同位体が存在するが、原子番号 83 以降の元素、例えば $_{88}Ra$（ラジウム；本章コラム参照）、$_{92}U$（ウラン）[*11] などは、全て複数の放射性同位体だけからなる放射性元素である。また、放射性同位体のうち天然に存在するものとして、地殻や土壌に存在する $^{40}_{19}K$（カリウム 40）[*12]、$^{222}_{86}Rn$（ラドン 222；第 2 章コラム参照）などが知られている。一方、多数の元素の放射性同位体が原子核反応で人工的に作られている。

1・4 　原子核反応

1・4・1　原子核反応

原子核に陽子、中性子などを衝突させ、原子核を変化させる反応を**原子核反応**という。この原子核反応で人工的に放射性同位体を作ることができる。例えば、安定同位体 $^{59}_{27}Co$ に中性子（電荷を持たず質量数が 1 であるので ^1_0n と表す）を当てると、がんの放射線治療に使われる $^{60}_{27}Co$（コバルト 60）ができる[*13]。

$$^{59}_{27}Co + ^1_0n \longrightarrow ^{60}_{27}Co$$

1・4・2　核分裂

原子核が 2 種類以上の原子核に分裂する原子核反応を**核分裂**という。例えば、$^{235}_{92}U$（ウラン 235）の原子核に中性子を当てると、原子量のより小さな 2 種類の原子と高速の中性子が生成する。生成した中性子が別の $^{235}_{92}U$ と反応すると、分裂が次々と連続的に起こる（**図 1・5**）。

[*10]　放射性同位体は、がんの診断や治療、医療器具の滅菌などの医療分野、農作物の品種改良、ものを壊さずに内部のキズを調べる非破壊検査、さらに考古学における年代測定など、さまざまな分野で利用されている。

[*11]　天然には、ウラン 235 とウラン 238 の 2 種類の同位体が存在する。わずか 0.7 % 存在するウラン 235 の核分裂を利用して、原子力発電が行われている。

[*12]　原子番号 19 のカリウムには多数の同位体が知られている。そこで、質量数 40 のカリウムと特定するため $^{40}_{19}K$ あるいはカリウム 40 と表している。

[*13]　原子核反応は、いくつかの原子核の間で陽子と中性子が組み換わる反応である。したがって、反応の前後で陽子数と中性子数は変化せず、原子番号の和と質量数の和が保たれる。

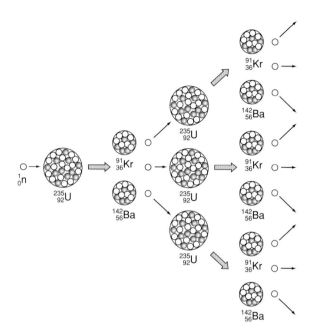

図 1・5　$^{235}_{92}U$（ウラン 235）の核分裂

$$^{235}_{92}U + {}^1_0n \longrightarrow {}^{142}_{56}Ba + {}^{91}_{36}Kr + 3{}^1_0n + エネルギー$$

核分裂反応では大きなエネルギーが放出される。この反応を瞬間的に起こし、エネルギーを一挙に放出させるのが原子爆弾である。一方、反応をコントロールして少しずつエネルギーを取り出す装置が原子炉である[*14]。原子力発電では、原子炉で発生するエネルギーで水を沸かして蒸気を作り、タービンを回して発電している。

1・4・3　核融合

　質量数の小さな原子同士が反応して、質量数の大きな原子ができる核反応を**核融合**という。この反応で安定な原子核が形成されれば、大きなエネルギーが放出される。例えば、重水素と三重水素を極めて高い温度（約 1〜2 億 ℃）と高圧の条件におくと、原子核同士が電気的反発力に打ち勝って結合し、ヘリウムが生成するとともに大きなエネルギーが放出される[*15]。

$$^2_1H + {}^3_1H \longrightarrow {}^4_2He + {}^1_0n + エネルギー$$

　太陽の内部では、4 個の水素の原子核から 1 個のヘリウム原子核が生成される核融合が起こり、莫大な太陽エネルギー（熱と光）が作り出されている。

*14　核分裂の過程で生成した高速の中性子を減速材（軽水炉では水）や制御棒（黒鉛など）に吸収させ、反応を制御している。

*15　核融合させるためには、原子が正電荷を持つ原子核と負電荷を持つ電子とに分離している状態（プラズマ状態）を発生させることが必要であり、現在研究が進められている。

1・5 放射能と放射線

放射性同位体の原子核は不安定であり、原子核を構成する粒子の一部や余分なエネルギーを放射線として放出し、より安定な別の元素の原子核に変化する[16]。この現象を**放射性崩壊**あるいは**放射性壊変**という。放射性崩壊では、α線、β線、γ線などの**放射線**の1つあるいは複数が放出される。このように放射線を放出する物質を**放射性物質**といい、放射性物質が放射線を放出する性質を**放射能**という。

1・5・1 α線

放射性同位体の原子核から、α粒子の流れであるα線が放出される現象を**α崩壊**という。α粒子は、陽子2個と中性子2個から構成されており、+2の正電荷と質量数4を持っている。これは、中性のヘリウムから電子2個が奪われたヘリウムの原子核に相当するので$^{4}_{2}He^{2+}$(あるいは単に$^{4}_{2}He$)と表す。例えば、ラジウム226はα線を放出してラドン222に変化する[17]。

$$^{226}_{88}Ra \longrightarrow \; ^{222}_{86}Rn \; + \; ^{4}_{2}He^{2+}$$
$$\alpha\text{線}$$

1・5・2 β線

放射性同位体の原子核にある中性子1個が陽子1個に変化し、β線が放出される場合を**β崩壊**という[18]。β線は大きなエネルギーを持つ電子の流れである。電子は負の電荷を持ち、質量が陽子や中性子の約1840分の1と非常に小さいので$^{0}_{-1}e$と表す。例えば、$^{131}_{53}I$がβ崩壊すると$^{131}_{54}Xe$が生成する[19]。

$$^{131}_{53}I \longrightarrow \; ^{131}_{54}Xe \; + \; ^{0}_{-1}e$$
$$\beta\text{線}$$

1・5・3 γ線

α崩壊やβ崩壊で生成した原子の中には、もとの放射性同位体より安定であるが、依然としてエネルギーの高い不安定な状態になる原子も多い。この余分なエネルギーをγ線として放出し、安定なエネルギー状態の原子核になる現象を**γ崩壊**という[20]。例えば、コバルト60はβ崩壊するとニッケル60に変化する。これは、すぐさまエネルギーをγ線として放出して安定なニッケル60になる[21]。

$$^{60}_{27}Co \longrightarrow \; [^{60}_{28}Ni] \; + \; ^{0}_{-1}e \quad \beta\text{崩壊}$$
$$\text{不安定な状態} \quad \beta\text{線}$$

$$[^{60}_{28}Ni] \longrightarrow \; ^{60}_{28}Ni \; + \; \gamma\text{線} \quad \gamma\text{崩壊}$$
$$\text{安定な状態}$$

[16] 放射性同位体がもとの半分の量になるのに要する時間を**半減期**という(10・1・3項参照)。
例:^{131}I 8日、^{137}Cs 30年、^{238}U 45億年

[17] α崩壊を起こすと、2個の陽子が失われるため原子番号が2つ少ない、すなわち周期表の2つ左に位置する原子に変化する。また、質量数も4減少する。

[18] β崩壊では、陽子が1個増加するため、原子番号が1つ増加した別の元素、すなわち周期表の1つ右に位置する元素に変化する。しかし、中性子が1個減るため、中性子数と陽子数の和である質量数は変わらない。

[19] 放射性同位体$^{131}_{53}I$がからだに取り込まれると甲状腺に集まり、放出される放射線により甲状腺がんを発症する可能性がある。そこで、放射線を放出しない安定同位体$^{127}_{53}I$(安定ヨウ素)からなるヨウ化カリウム(KI)製剤を予防的に服用して、安定ヨウ素で甲状腺を満たせば、放射性ヨウ素131の甲状腺への蓄積を防ぐことができる。

[20] γ崩壊では原子番号や質量数は変化しない。

[21] ^{60}Coからのγ線を病変部にピンポイントで照射するガンマナイフと呼ばれる装置が、がんの治療に用いられている。

*22　人の目に見える可視光線、日焼けの原因となる紫外線、電子レンジに利用されるマイクロ波、暖房器具に使われる赤外線、そしてラジオ局から送られてくる電波（ラジオ波）などは、いずれも電磁波である。また、透過力が大きくレントゲン撮影に使われるX線も電磁波の一種である。X線は金属に高速の電子を衝突させると発生する。X線のエネルギーはγ線より小さい。

*23　放射線測定器として利用されるガイガーミューラーカウンターは電離作用を利用している。

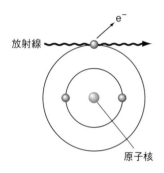

図1・7　放射線の電離作用

γ線は可視光線、赤外線、X線などと同じ**電磁波**[22]であり、質量・電荷を持たない。また、γ線のエネルギーは可視光線より大きい。

1・5・4　放射線の性質

放射線の性質には、物質を通り抜ける**透過性**（図1・6）と、物質から電子をはじき飛ばしてイオンを生成する**電離作用**[23]（図1・7）がある。α線、β線、γ線の性質を**表1・3**にまとめた。

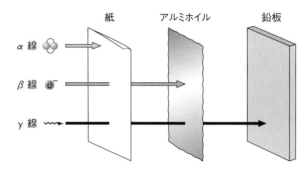

図1・6　放射線の透過性

表1・3　放射線の種類と性質

放射線	本体	透過力	電離作用
α線	エネルギーの大きなヘリウムの原子核	弱	強
β線	エネルギーの大きな電子	中	中
γ線	エネルギーの大きな電磁波（波長 10^{-12} ～ 10^{-14} m）	強	弱

α粒子は、物質中を通るとき電子を受け取りヘリウムガスに変化するので、α線の透過性は弱く、薄い紙でも遮ることができる（**図1・6**）。β線の透過性はα線より強く、紙を透過するが、アルミホイルや木材で遮ることができる。したがって、人体の外部からα線やβ線を浴びる外部被曝による影響は小さい。γ線はエネルギーの大きな電磁波であり、透過性も高く、遮るためには厚いコンクリートや鉛板が必要である。したがって、γ線の外部被曝に注意が必要である。透過性の高いγ線は、機械部品や工芸品などを壊さずに内部のキズを調べる非破壊検査に利用されている。

α線は電離作用も示す。α線を放出する放射性物質が体内に取り込まれると、電離作用により細胞を破壊したり、遺伝子を変化させるなど人体に影響を与える。したがって、体内からα線を浴びる内部被曝には注

意が必要である。電離作用は α 線、β 線、γ 線の順に弱くなる。

　放射性物質の取り扱いには、細心の注意が必要である。

Column　ラジウム・ガールズ

　ラジウム Ra は金属光沢のある軟らかい固体で、1898 年にピエール・キュリーとマリー・キュリー夫妻によって発見された。キュリー夫人はポロニウム Po も発見し、1903 年にノーベル物理学賞、1911 年にノーベル化学賞を受賞している。また、放射能という概念を提唱した。

　暗闇で青白く光るラジウムは、1920 年代に時計の文字盤を発光させるため、蛍光塗料と混ぜて使われた。しかし、アメリカのニュージャージー州にある工場で、放射性物質の健康への影響を全く知らされていなかった若い女性従業員たちは、文字盤の数字をきれいに書こうとして筆先をなめて整えながら作業していた。その結果、重度の貧血やあごの骨のがんなどが多発し、亡くなる女性も現れた。カルシウムと同族元素であるラジウムが骨に集まり、α 線を放出するためである。ラジウム・ガールズと呼ばれた 5 人の女性従業員たちが企業を訴えた。ラジウムの影響を認めようとしなかった会社を相手にした長年にわたる裁判の結果、ラジウム・ガールズは賠償金を勝ち取ったものの、裁判の後、30 代で亡くなってしまった。ラジウム・ガールズの訴えをきっかけに、放射性物質の危険性が世間に注目されるようになった。

演 習 問 題

1.1　ヒトの心臓は握りこぶし程度の大きさである。原子核が心臓の大きさとすると、あなたを中心としたとき、原子の大きさはどの位の大きさになるだろうか。地図を広げて確認しよう。

1.2　生体の構成元素 O、C、H、N の陽子の数、中性子の数、電子の数はいくつか。

1.3　次の元素の名称と元素記号を書け。
　　（a）原子番号 5 の元素　　（b）陽子数 12 の元素　　（c）電子数 15 の元素

1.4　ある種の腫瘍に集まり放射線を発することを利用して、ガリウムは画像診断に用いられる。ガリウム 67 の元素記号を書け。

1.5　ヨウ素の同位体 ^{123}I、^{131}I の次の値はそれぞれいくつか。
　　（a）原子番号　　（b）質量数　　（c）陽子数　　（d）中性子数　　（e）電子数

1.6　次の原子の陽子数、中性子数、電子数はいくつか。
　　（a）$^{59}_{27}$Co　　（b）$^{226}_{88}$Ra　　（c）$^{268}_{92}$U

1.7　次の元素 X の名称と元素記号を書け。
　　（a）$^{15}_{7}$X　　（b）$^{18}_{9}$X　　（c）$^{137}_{55}$X

1.8　1934 年、フレデリック・キュリーとイレーヌ・キュリー夫妻は、アルミニウム 27 に α 粒子を衝突させ、放射性同位体リン 30 と中性子が生成することを明らかにした。この核化学反応式を書け。

1.9　がんの治療に用いられるコバルト 60 が α 崩壊したときの反応式を示せ。

1.10　必須元素であるカリウムは人体に 0.2 ％含まれる。このうち放射性同位体カリウム 40 が 0.012 ％程度存在する。カリウム 40 が β 崩壊したときの反応式を示せ。

第2章 原子の電子構造

　原子の種類を決定する原子番号は、電子の数に等しい。電子の質量は原子核に比べ無視できるくらい小さい。しかし、原子核の周りのどのような領域に電子が存在するかによって、原子の性質が決定される。この章では、電子の存在する空間である原子軌道に、電子がどのように分布しているかを表す電子配置を中心に、原子の電子構造について学ぶ。

2・1　電子殻

　原子内の電子は原子核の周りを自由に動き回っているのではなく、**電子殻**と呼ばれる限定された空間に存在している。電子殻は原子核に近い内側から順に、K殻、L殻、M殻、… と呼ばれている（**図2・1**）。それぞれの電子殻に入りうる電子の数は決まっていて、内側からn番目の電子殻には最大$2n^2$個の電子を収容することができる。すなわち、原子核に最も近い空間である1番目のK殻には2個の電子を収容できる。また、2番目のL殻には8個まで、M殻には最大18個の電子を収容できる。例えば、原子番号11のナトリウム原子では、K殻に2個、L殻に8個、さらにM殻に1個の電子が収容されている（**図2・2**）。

　原子核は正電荷を持つ。したがって、負電荷を持つ電子は原子核に近い電子殻にあるほど原子核に強く引きつけられ、エネルギーが低く安定な状態にある。したがって、電子殻のエネルギーはK殻＜L殻＜M殻… の順に高くなる[*1]。

*1　高い場所から落下する水は、水車を回す仕事をすることができる。これは、高い所にある水の方が、低い所の水より大きなエネルギーを持つからである。したがって、水は高い所から、より安定な低い所に流れる。

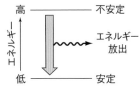

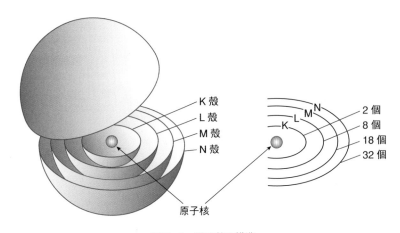

図2・1　電子殻の構造

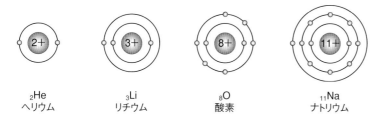

図2・2 原子の電子配置（電子殻を同心円で表してある）

2・2 軌道の形とエネルギー

　同じ電子殻に存在する電子は、さらに存在確率の高い領域に分かれて収容されている。この領域を原子軌道といい、s軌道、p軌道、d軌道などがある（**図2・3**）。これら原子軌道はそれぞれ特有の形とエネルギーを持っている。また、一つの原子軌道には最大2個の電子を収容できる[*2]。

　原子核に最も近い1番目のK殻にある原子軌道は、原子核を中心として球状に広がっており1s軌道と呼ばれる（**図2・4**）。K殻には2個の電子が収容される。

　2番目のL殻には、2s軌道が1つと3つの2p軌道（$2p_x$, $2p_y$, $2p_z$）の合計4つの原子軌道が存在する。それぞれの原子軌道に最大2個の電子を収容できるので、L殻には最大8個の電子を収容できる。2s軌道の

[*2] 電子は基本的には図2・3に示すエネルギー準位の低い軌道から順に入る。例えば炭素は6個の電子を持つので、電子配置は下に示したようになる。図2・5 (p.13)は簡略化した図である。

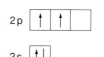

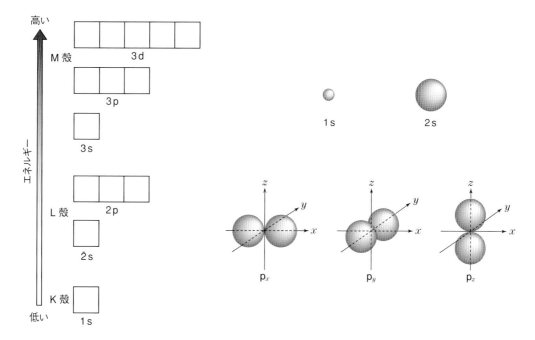

図2・3 軌道とエネルギー準位　　　　図2・4 軌道の形

形は、1s軌道と同じように球状であるが、より広がっていて大きい。一方、3つの2p軌道はそれぞれx軸、y軸、z軸上に沿った領域に存在し、球が2つ重なったような形をしている（**図2・4**）。

3番目のM殻には3s軌道が1つ、3p軌道が3つ、さらに3d軌道が5つの合計9個の軌道がある[*3]。したがって、M殻には18個の電子を収容できる。

同じ電子殻に属する軌道のエネルギーはs＜p＜dの順に高くなる[*4]。

2・3　電子配置

電子が各原子軌道にどのように割り当てられているか示したものを**電子配置**という。各原子の電子は次の3つの規則に従って、それぞれの軌道に収容されている。

（a）築き上げの原理

電子はエネルギーが一番低く安定な軌道から順番に収容される。すなわち、1s軌道が満たされた後に、2s軌道、2p軌道、3s軌道、… に入る（**図2・3**）[*4]。

（b）パウリの排他原理

1つの軌道に収容できる電子の数は最大2個である。また、同じ軌道に2個の電子が収容されるときは、それらの電子のスピン（電子の自転の向き、↑または↓で表す）は逆向きでなければならない[*5]。

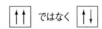

（c）フントの規則

エネルギーの等しい軌道に電子を収容するときは、平行スピンの電子が最大になるよう各軌道に分散して入った後、2つ目の電子が対を作って収容される。

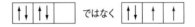

原子番号の順に電子がどのように収容されるか見てみよう（**図2・5**）。

・原子番号1　水素H：1個の電子はK殻の1s軌道に収容される。これを軌道の記号の右上に電子の数を添えて$1s^1$と表す。また、スピンを示した表示では、図2・5のように表す。

・原子番号2　ヘリウムHe：パウリの排他原理に従い、2個目の電子は1s軌道にスピンの向きを反対にして入る（$1s^2$）[*6]。これでK殻は定員が一杯となる。これを**閉殻構造**といい、原子は安定であり、化学反応を起こしにくい。

---

*3　M殻には、1つの3s軌道と3つの3p軌道のほかに、複雑な形をした5つの3d軌道がある。また、N殻には、4s、4p、4d軌道のほかに、さらに複雑な形をした7つのf軌道がある。

*4　軌道のエネルギー準位は電子殻の順番どおりでなく、1s、2s、2p、3s、3p、<u>4s、3d</u>、4p、5s…の順になっている。1sから斜めにたどっていくとエネルギーの順となる。

　Q殻　7s 7p 7d 7f
　P殻　6s 6p 6d 6f
　O殻　5s 5p 5d 5f
　N殻　4s 4p 4d 4f
　M殻　3s 3p 3d
　L殻　2s 2p
　K殻　1s

*5　電子スピンは、地球が自転しているように、電子の自転運動によって生じると考えるとイメージしやすい。右回りと左回りのスピンを上向きの矢印（↑）と下向きの矢印（↓）で表す。

表示法

*6　ヘリウムでは、1s軌道に2個の電子を配置する方法として、次の3種類が可能である。

パウリの排他原理から、はじめの2つは除外される。

・原子番号3　リチウム Li：K 殻が一杯となったので、その外側の L 殻にある 2s 軌道に 3 個目の電子が収容される（$1s^2 2s^1$）。

・原子番号4　ベリリウム Be：2s 軌道に、スピンの向きを反対にしてさらに 1 個の電子が収容される。$1s^2 2s^2$ である。

・原子番号5　ホウ素 B：1s 軌道と 2s 軌道は定員で満たされているので、2p 軌道に 5 個目の電子が収容される。電子配置は $1s^2 2s^2 2p^1$ である。

・原子番号6　炭素 C：1s 軌道、2s 軌道にそれぞれ 2 個の電子が入り、残りの 2 個がフントの規則に従い 2p 軌道に分散して入る。電子配置は $1s^2 2s^2 2p^2$ となる[*7]。

・原子番号7　窒素 N：3 つの 2p 軌道に平行スピンの電子が入る。$1s^2 2s^2 2p^3$

・原子番号8　酸素 O：8 個目の電子は、2p 軌道にスピンを逆平行にして収容される。電子配置は $1s^2 2s^2 2p^4$ である。

・原子番号9　フッ素 F：$1s^2 2s^2 2p^5$

・原子番号10　ネオン Ne：$1s^2 2s^2 2p^6$ となり、L 殻の全ての軌道に電子が収容され安定な閉殻構造となる。

以上のように、原子の種類によって電子配置が異なるため、原子の性質に違いが生まれる。

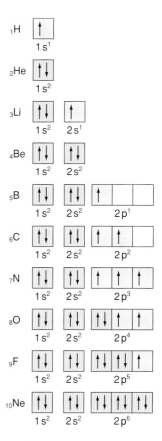

図2・5　原子の電子配置

2・4　最外殻と価電子

原子の最も外側の電子殻を最外殻といい、そこに収容されている電子を**最外殻電子**という（図2・6）。原子番号 3 の Li から 10 の Ne の最外殻は L 殻、Na から Ar では M 殻が最外殻である。最外殻電子は、原子核からの引力が弱く、ほかの原子に近づきやすいので、原子の化学的性質を決定づける。そこで、原子がイオンになったり、ほかの原子と結び付くとき、特に重要な役割をする最外殻電子を**価電子**という[*8]。価電子数

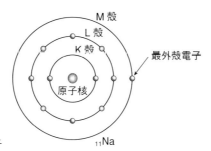

図2・6　最外殻と最外殻電子

[*7]　炭素では、それぞれ 2 個の電子で 1s 軌道と 2s 軌道が満たされた後、残りの 2 個を収容する方法として、a、b、c の 3 種類が可能である。

フントの規則に従い、各軌道に平行スピンの電子が最大になるよう分散して収容されるため、(a)、(b) の 2 つは除外される。

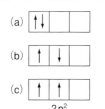

[*8]　貴ガス（かつては希ガスと呼ばれた）は最外殻が 8 個の電子で全て満たされており、安定である。そのため、貴ガスの価電子の数は 0 とする。

*9　価電子数1のリチウムLiやナトリウムNaは、価電子1個を放出して1価の陽イオン（Li$^+$, Na$^+$）になりやすい。

*10　最外殻電子の数が4以下であれば、元素記号の上下左右の4方向に1個ずつ電子を配置する。5以上の場合は、一部を対にして配置する。ただし、ヘリウム原子は :He と表す。

*11　原子価は原子の結合の手の数と考えてもよい。表4・4 (p.29) の電子式、および8・1・1項を参照。

が同じ原子同士は、よく似た化学的性質を示す[*9]。

　最外殻電子を元素記号の周りに点（•）で示した式を**電子式**という（**表2・1**）[*10]。電子式をみると、2個で対になっている電子対と、対を作らず単独で存在する不対電子がある。例えば、窒素原子では、5個の価電子のうち、1組の電子対と3個の不対電子がある。不対電子の数によって、その原子が最大いくつの原子と結合するかが決まり、この数を**原子価**という[*11]。

表2・1　電子式と価電子・原子価

	Li•	•Be•	•B̈•	•C̈•	•N̈•	•Ö•	•F̈•	:Ne:
価電子	1	2	3	4	5	6	7	0
原子価	1	2	3	4	3	2	1	0

（電子対／不対電子：N の電子式に注記）

　貴ガスは最外殻が8個の電子で満たされ、安定な状態にある（本章コラム参照）。これを**オクテット**という。オクテットになっていない原子は、電子を放出したり、受け取ったりして、その最外殻電子数を貴ガスと同じように8個にしようとする傾向がある。これを**オクテット則**という（4・2・1項参照）。

Column　貴ガス

　空気の成分として、窒素（78.1%）と酸素（20.9%）で99%を占める。次に多いのが貴ガスと呼ばれる無味無臭の気体アルゴン（0.9%）である。貴ガスにはヘリウム He、ネオン Ne、アルゴン Ar、クリプトン Kr、キセノン Xe、ラドン Rn がある。最外殻が8個の電子で全て満たされた閉殻構造であり、安定で、ほかの原子と結びつかないため、貴ガスは不活性ガスとも呼ばれる。また、貴ガスは原子1個が単独で存在している単原子分子である。

　ヘリウムは水素の次に軽い気体であり、燃焼せず安全であるため気球や飛行船用のガスとして利用されている。また、沸点が非常に低いため（−268.9℃）、医療に用いられる磁気共鳴画像診断装置 MRI の超伝導磁石の冷却剤として用いられている。ネオンはネオンサインに用いられている。また、アルゴンやクリプトンは、高温のフィラメントを守るため電球封入ガスとして用いられている。キセノンは青白く光る自動車用ヘッドライトに封入されている。また、キセノンガスを吸いながら CT 撮影により脳の血液の流れを測定するキセノン CT 検査にも利用されている。ラドンは、土壌や岩石に含まれるウラン238の放射性崩壊の途中で生成する放射性元素であり、閉めきった室内でその濃度が高くなることも知られている。

演 習 問 題

2.1 次の原子の電子配置を図2・2にならって書け。

(a) $_6$C　　(b) $_{13}$Al　　(c) $_{17}$Cl

2.2 次の電子配置を持つ原子の元素記号を書け。

(a)
(b)
(c)

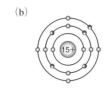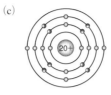

2.3 次の原子の電子配置を図2・5にならって書け。

(a) $_{11}$Na　　(b) $_{16}$S　　(c) $_9$F

2.4 次の電子配置を持つ原子の元素記号を書け。

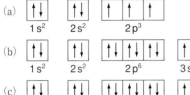

2.5 次の原子の電子配置を軌道の略号（例 $1s^2 2s^2$）で書け。

(a) $_5$B　　(b) $_{18}$Ar　　(c) $_3$Li

2.6 次の電子配置を持つ原子の元素記号を書け。

(a) $1s^2 2s^2 2p^6$　　(b) $1s^2 2s^2 2p^6 3s^1$　　(c) $1s^2 2s^2$　　(d) $1s^2 2s^2 2p^6 3s^2 3p^5$

2.7 次の原子の電子式を示せ。

(a) $_{11}$Na　　(b) $_{16}$S　　(c) $_{12}$Mg　　(d) $_{17}$Cl

2.8 次の原子を電子式で表したとき、電子対は何組あるか。

(a) Al　　(b) P　　(c) Ar　　(d) Ca

2.9 次の原子を電子式で表したとき、不対電子はいくつあるか。

(a) Li　　(b) C　　(c) Cl　　(d) S

2.10 次の原子の価電子数はいくつか。

(a) K　　(b) O　　(c) Mg　　(d) Br

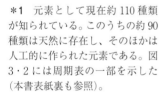

第3章 周期表と元素

　元素を原子番号順に並べると、価電子の数や化学的性質が周期的に変化する。性質のよく似た元素が同じ縦の列に配列されるようにして、元素を原子番号順に並べたのが元素の周期表である。したがって、周期表のどこに元素が位置するかがわかれば、その元素の性質を予測することができる。この章では、周期表と電子配置との関係を基本に、周期表について学ぶ。

3・1　電子配置と周期表

　元素を原子番号の順に並べると、原子の価電子の数が周期的に変化する（**図3・1**）。このような周期性は、原子やイオンの大きさ、イオン化エネルギーでもみられる。これを元素の**周期律**という。周期律に従って、性質のよく似た元素が同じ縦の列に配列されるように、元素を原子番号順に並べたのが元素の**周期表**である。周期表の横の行を**周期**といい、第1周期から第7周期まである。また、縦の列を**族**という。周期表の左から1族、2族、…18族まで分類されている（**図3・2**）[*1]。

*1　元素として現在約110種類が知られている。このうちの約90種類は天然に存在し、そのほかは人工的に作られた元素である。図3・2には周期表の一部を示した（本書表紙裏も参照）。

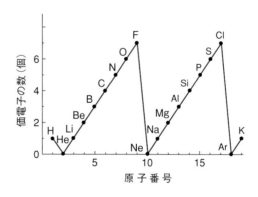

図3・1　原子番号と価電子の数

　元素に周期律が存在するのはなぜだろうか。最外殻の電子配置と周期表の関係を**図3・3**に示した。同じ周期にある原子の電子配置を見てみよう。例えば、第1周期の原子の電子配置は1s、すなわち最外殻はK殻である。同様に、第2周期、第3周期に属する原子の最外殻はそれぞれL殻、M殻である。このように、同じ周期の原子の最外殻は同じである。

　同じ族に属する元素も似た電子配置を持つ。1族と2族元素の最外殻の電子はs軌道に収容されている。1族ではs^1、また2族ではs^2である。

族 周期	1	2	3	4	5	6	7	8	9	10	11	12	13	14	15	16	17	18
1	H																	He
2	Li	Be				金属元素							B	C	N	O	F	Ne
3	Na	Mg											Al	Si	P	S	Cl	Ar
4	K	Ca	Sc	Ti	V	Cr	Mn	Fe	Co	Ni	Cu	Zn	Ga	Ge	As	Se	Br	Kr
5	Rb	Sr	Y	Zr	Nb	Mo	Tc	Ru	Rh	Pd	Ag	Cd	In	Sn	Sb	Te	I	Xe
6	Cs	Ba	ランタノイド	Hf	Ta	W	Re	Os	Ir	Pt	Au	Hg	Tl	Pb	Bi	Po	At	Rn
7	Fr	Ra	アクチノイド	Rf	Db	Sg	Bh	Hs	Mt	Ds	Rg	Cn	Nh	Fl	Mc	Lv	Ts	Og

アルカリ金属 アルカリ土類金属 遷移元素 ハロゲン 貴ガス 典型元素 典型元素

図3・2 元素の周期表（ランタノイド元素、アクチノイド元素は省略）

	1	2	3	4	5	6	7	8	9	10	11	12	13	14	15	16	17	18
1	H $1s^1$																	He $1s^2$
2	Li $2s^1$	Be $2s^2$											B $2s^2 2p^1$	C $2s^2 2p^2$	N $2s^2 2p^3$	O $2s^2 2p^4$	F $2s^2 2p^5$	Ne $2s^2 2p^6$
3	Na $3s^1$	Mg $3s^2$											Al $3s^2 3p^1$	Si $3s^2 3p^2$	P $3s^2 3p^3$	S $3s^2 3p^4$	Cl $3s^2 3p^5$	Ar $3s^2 3p^6$
4	K $4s^1$	Ca $4s^2$	Sc $4s^2 3d^1$	Ti $4s^2 3d^2$	V $4s^2 3d^3$	Cr $4s^1 3d^5$	Mn $4s^2 3d^5$	Fe $4s^2 3d^6$	Co $4s^2 3d^7$	Ni $4s^2 3d^8$	Cu $4s^1 3d^{10}$	Zn $4s^2 3d^{10}$	Ga $4s^2 3d^{10} 4p^1$	Ge $4s^2 3d^{10} 4p^2$	As $4s^2 3d^{10} 4p^3$	Se $4s^2 3d^{10} 4p^4$	Br $4s^2 3d^{10} 4p^5$	Kr $4s^2 3d^{10} 4p^6$
5	Rb $5s^1$	Sr $5s^2$	Y $5s^2 4d^1$	Zr $5s^2 4d^2$	Nb $5s^1 4d^4$	Mo $5s^1 4d^5$	Tc $5s^2 4d^5$	Ru $5s^1 4d^7$	Rh $5s^1 4d^8$	Pd $4d^{10}$	Ag $5s^1 4d^{10}$	Cd $5s^2 4d^{10}$	In $5s^2 4d^{10} 5p^1$	Sn $5s^2 4d^{10} 5p^2$	Sb $5s^2 4d^{10} 5p^3$	Te $5s^2 4d^{10} 5p^4$	I $5s^2 4d^{10} 5p^5$	Xe $5s^2 4d^{10} 5p^6$

図3・3 最外殻の電子配置と周期表（第6周期以降は省略）

また、13～18族では p 軌道に順に電子が収容されている。13 族元素の最外殻の電子配置は $s^2 p^1$、同様に 14 族元素、15 族元素はそれぞれ $s^2 p^2$、$s^2 p^3$ と規則的に変化する[*2]。

したがって、族の番号は原子の価電子数に関係している（遷移元素を除く）。1 族原子は価電子数 1、2 族原子は価電子数 2、13 族原子から 17 族原子では、価電子数は 3 から 7 である。価電子の数が同じで、性質のよく似た同じ族に属する元素を**同族元素**という。

このように、電子配置と周期表は密接に関連している。

3・2 周期と族

周期表の第 1 周期には 2 種類の元素 水素 H とヘリウム He、第 2、第

*2 3 族元素から 12 族元素では、d 軌道に電子が収容されている。ただし、第 6 周期と第 7 周期の 3 族元素は、f 軌道に電子が収容される。

＊3　1 種類の元素からできている純物質が単体、複数の元素からできている物質が化合物である。

＊4　ある元素を含んだ物質を炎の中に入れると、その元素特有の色を示す。これを炎色反応という。Li：赤、Na：黄、K：赤紫など。

＊5　細胞内液では、ほかのイオンに比べ K^+ の濃度が非常に高く、細胞外液では Na^+ の濃度が高い。

＊6　白色の硫酸バリウム $BaSO_4$ は、X 線を遮るため、X 線撮影の造影剤に用いられる。

＊7　Be と Mg を除くこともある。

＊8　Mg^{2+} は成人体重 70 kg 当り約 25 g 含まれ、そのうち 60 〜 65 ％ が骨に、27 ％ が筋肉中に存在する。細胞内では K^+ に次いで多い陽イオンで、酵素類の活性化などに関与している。

＊9　Ca^{2+} は成人体重 70 kg 当り 1 〜 2 kg 含まれる。99 ％ が骨や歯に、約 1 ％ が細胞内に存在する。筋の収縮や血液凝固にも関与している。

＊10　次亜塩素酸ナトリウム NaClO は殺菌・漂白作用を示す。

＊11　アスタチン At もハロゲン元素である。At は原子核反応によって合成された放射性元素である。

＊12　ヨウ素 I_2 は、うがい薬や殺菌・消毒剤に含まれる。

＊13　塩素は胃から分泌される塩酸 HCl の成分として、また Cl^- は細胞外液中に多量に含まれる。

＊14　12 族元素は典型元素に分類される場合もある。

＊15　遷移元素の化合物やイオンには、有色のものが多い。例えば、Cu^{2+}：青、Fe^{3+}：黄褐、$KMnO_4$：黒紫、$K_2Cr_2O_7$：橙赤色など。Fe、Mn、Mo、Cr、Co などの遷移元素は金属タンパク質や酵素に含まれる。

3 周期にはそれぞれ 8 種類の元素がある。また、第 4 周期と第 5 周期にはそれぞれ 18 種類の元素が属する。

　次に同じ族に属する同族元素を見ていこう。水素を除く 1 族元素 Li、Na、K、Rb、Cs、Fr の 6 種類を**アルカリ金属元素**という。アルカリ金属元素の**単体**[＊3] は、金属光沢を持つ軟らかくて融点の低い固体である。アルカリ金属元素の単体や化合物は特有の炎色反応を示す[＊4]。また、価電子 1 個を放出して 1 価の陽イオンになりやすい（4・1 節参照）。Na や K は生体にとって必須元素であり、Na^+ や K^+ として細胞の内外に存在し、生命維持のため、浸透圧の調節や信号の伝達などに関与している[＊5]。

　2 族元素 Be、Mg、Ca、Sr、Ba[＊6]、Ra は全て金属元素で、**アルカリ土類金属元素**[＊7] という。価電子 2 個を放出して 2 価の陽イオンになりやすい。Mg[＊8] や Ca[＊9] は必須元素である。

　17 族に属する F、Cl[＊10]、Br、I などの元素を**ハロゲン**という[＊11]。単体は有色の二原子分子であり、F_2、Cl_2 は気体、Br_2 は液体、I_2[＊12] は固体である。価電子 7 個を持つため、電子 1 個を受け取って 1 価の陰イオンになりやすい。塩素は必須元素、フッ素とヨウ素は必須微量元素である[＊13]。

　18 族元素は**貴ガス**と呼ばれる（第 2 章コラム参照）。閉殻構造の電子配置を持つため、安定で反応性が乏しく、ほかの原子とは結合しないため不活性ガスとも呼ばれる。したがって、単体として存在する。

3・3　典型元素と遷移元素

　周期表の左右両側にある 1 族、2 族および 13 〜 18 族の 8 つの族の元素を**典型元素**という（**図 3・2**）。これら典型元素の原子では、原子番号が増加する順に価電子が 1 つずつ増加する（**図 3・3**）。また、同族元素の原子は価電子の数が同じであり、それらの化学的性質はよく似ている。典型元素以外の元素を**遷移元素**といい、第 4 周期以降の 3 族から 12 族に属する元素が含まれる[＊14]。遷移元素の原子の価電子に規則性は見られず、同一周期で隣り合う元素同士は、よく似た性質を示す[＊15]。

　自然界にある元素は、原子番号 1 の水素から 92 のウランまでの元素のうち、原子番号 43 のテクネチウムを除いた 91 種類である[＊16]。そのうち典型元素は 44 種類、残り 47 種類は遷移元素である。

　元素は**金属元素**と**非金属元素**にも大別できる。第 2 周期 13 族のホウ素 B から、Si、As、Te の順に斜め右下に向かい第 6 周期 17 族のアスタチン At にいたる元素を境にして、右上にある元素 21 種と水素を合わせた 22 種類が非金属元素[＊17]、この境から左側が金属元素に分類される[＊18]。金属元素は、元素の約 8 割を占める[＊19]。

　非金属元素の単体は電気を導かない。一方、金属元素の単体は金属光

沢を持ち、電気や熱をよく伝える[20]。

遷移元素は全て金属元素であるが、典型元素には金属元素と非金属元素がある。

3・4 周 期 性

3・4・1 イオン化エネルギー

原子から 1 個の電子を取り去るために必要なエネルギーを、**イオン化エネルギー**という。

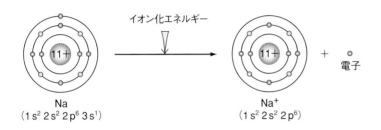

$$\underset{(1s^2\,2s^2\,2p^6\,3s^1)}{\text{Na}} \qquad \underset{(1s^2\,2s^2\,2p^6)}{\text{Na}^+} \;+\; \text{電子}$$

周期表の同じ周期の典型元素のイオン化エネルギーを比較すると、原子番号の増加とともに大きくなる傾向がある（**図 3・4**）。1 族の原子、例えば Li や Na のイオン化エネルギーは小さい。これは、最外殻電子が 1 個放出されると、貴ガスと同じ電子配置となり安定化するためである。逆に、貴ガスの電子配置は安定であるため、電子を取り去りにくくイオン化エネルギーは大きい。したがって、イオン化エネルギーの小さな原子は陽イオンになりやすく、イオン化エネルギーの大きな原子は陽イオンになりにくい。

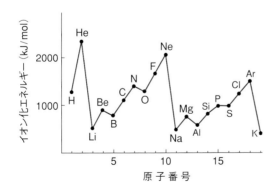

図3・4 原子のイオン化エネルギー

同族元素のイオン化エネルギーを比較すると、原子番号の大きいものほど小さい。すなわち、1 族では、Li ＞ Na ＞ K ＞ Rb ＞ Cs。周期が増加すると原子核と最外殻電子間の距離が大きくなるため、電子と原子核と

*16 原子番号 93 以上の元素は、人工的に作られた放射性元素であり、超ウラン元素と呼ぶ。

*17 非金属元素は全て典型元素である。

*18 金属と非金属の中間の性質を示す単体を半金属という場合もある。例えば、ヒ素 As、アンチモン Sb、ビスマス Bi は、単体が金属と同様に自由電子を持つが、その密度はふつうの金属より小さい。

*19 硬貨は複数の金属を融かし合わせた合金である。
 500 円 Cu, Zn, Ni;
 100 円および 50 円 Cu, Ni;
 10 円 Cu, Zn, Sn;
 5 円 Cu, Zn。
 1 円硬貨は Al だけからなる。

*20 金属元素の単体は、水銀だけが常温で液体、そのほかは固体である。

が引き合う力が弱くなるためである。

このように、周期表の左下の金属元素は、非金属よりイオン化エネルギーが小さく陽イオンになりやすい（4・1・2項参照）。これを**陽性**が強いという。

3・4・2 電子親和力

原子が電子1個を受け取ったときに放出するエネルギーを**電子親和力**という。

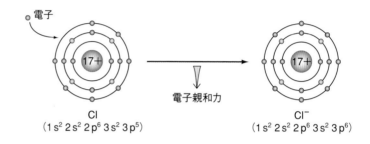

Cl
$(1s^2 2s^2 2p^6 3s^2 3p^5)$

電子親和力

Cl$^-$
$(1s^2 2s^2 2p^6 3s^2 3p^6)$

F、Cl、Br など17族のハロゲンは、電子親和力が大きい（**表3・1**）。これは、電子1つを受け取ると貴ガスの電子配置となり安定化するためである。貴ガスを除く、周期表右上の非金属元素の原子は、電子を受け取りやすく陰イオンになりやすい。これを**陰性**が強いという。

＊21 貴ガスと Be、Mg の値は空欄となっている。電子を受け取って生成した陰イオンが不安定であり、電子親和力を実験的に測定できないためである。

表3・1 主な元素の電子親和力 (kJ/mol)＊21

	1	2	13	14	15	16	17	18
1	H 73							He
2	Li 60	Be	B 27	C 122	N 0	O 141	F 328	Ne
3	Na 53	Mg	Al 44	Si 134	P 72	S 200	Cl 349	Ar
4	K 48	Ca 2.4	Ga 29	Ge 118	As 77	Se 195	Br 325	Kr

3・4・3 電気陰性度

結合している原子が結合電子を自分の方に引き付ける能力を**電気陰性度**という（4・3・1項も参照）。電気陰性度の大きな原子ほど、電子を引き付ける力が強い。一般に、周期表の右にある原子の方が左にある原子より電気陰性度が大きい（**図3・5**）。また、周期表で下の方にある原子ほど電気陰性度は小さい。

1							18
H 2.1	2	13	14	15	16	17	
Li 1.0	**Be** 1.5	**B** 2.0	**C** 2.5	**N** 3.0	**O** 3.5	**F** 4.0	
Na 0.9	**Mg** 1.2	**Al** 1.5	**Si** 1.8	**P** 2.1	**S** 2.5	**Cl** 3.0	
K 0.8	**Ca** 1.0	**Ga** 1.6	**Ge** 1.8	**As** 2.0	**Se** 2.4	**Br** 2.8	**Kr** 3.0
Rb 0.8	**Sr** 1.0	**In** 1.7	**Sn** 1.8	**Sb** 1.9	**Te** 2.1	**I** 2.5	**Xe** 2.6
Cs 0.7	**Ba** 0.9	**Tl** 1.8	**Pb** 1.9	**Bi** 1.9	**Po** 2.0	**At** 2.2	
Fr 0.7	**Ra** 0.9						

図 3・5 主な元素の電気陰性度

3・4・4 原子・イオンの大きさ

原子半径を周期表の順に並べると、同じ周期では、原子番号が大きくなるにつれて原子は小さくなる（**図 3・6**）。例えば、Na ＞ Mg ＞ Al ＞ Si ＞ P ＞ S ＞ Cl。原子番号が大きな原子ほど、正電荷を持つ陽子の数が増加するので、負電荷を持つ電子をより原子核に引き寄せるためである。同じ族では、周期が増加するにつれて原子半径は大きくなる。例えば、Li ＜ Na ＜ K ＜ Rb ＜ Cs。Li の最外殻は L 殻、Na では M 殻と、周期が大きくなるほど原子核から遠い電子殻に電子が収容されるためである。

陽イオンあるいは陰イオンの半径を**イオン半径**という。1 族や 2 族元素の原子が電子を失って陽イオンになると、半径が小さくなる（**図 3・7**）。例えば、Na 原子の原子半径は 186 pm（ピコメートル、1 pm ＝ 10^{-12} m）、

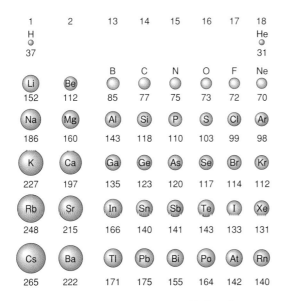

図 3・6 主な元素の原子半径（単位 pm）

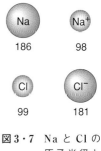

図 3・7 Na と Cl の原子半径とイオン半径（単位 pm）

Na^+ のイオン半径は 98 pm である。ナトリウム原子が M 殻の 1 個の電子を失い陽イオンになると、内側の L 殻が満たされた電子配置となる。陽子の数は変化しないので、残った電子はより強く原子核に引きつけられるため、陽イオンの半径はもとの原子の半径より小さくなる。

逆に、電子を受け取って陰イオンになると、イオン半径は大きくなる。例えば、Cl 原子の半径は 99 pm、Cl^- では 181 pm である。陽子数は変わらないが、付け加わった電子と、もとの電子との間での反発力が大きくなるため、陰イオンの半径は大きくなる。

Column　活性酸素と活性窒素

私たちが呼吸により体内に取り入れた酸素 (O_2) は、エネルギーを作り出すときに利用されている。このとき、酸素の処理がうまくいかないと、スーパーオキシド O_2^- といわれる化合物が生成する。さらに、スーパーオキシドは、過酸化水素 (H_2O_2) やヒドロキシルラジカル ・OH などの、活性酸素といわれる化合物を生成する。活性酸素は、老化やがんの発症にも関係しているといわれている。

また、無色の気体である一酸化窒素 NO は活性窒素の仲間である。NO は不安定であり、空気にさらされると褐色の二酸化窒素 NO_2 に素早く変化する。心臓発作のとき、いわゆる「ニトロ」が服用されるが、これはダイナマイトの原料であるニトログリセリンである。ニトログリセリンが分解してできる一酸化窒素が血管を拡張させる作用を持つためである。そのほかにも、一酸化窒素は、体内では神経や細胞間の情報伝達物質として重要な役割を担っている。

演習問題

3.1 生体の構成元素を必須元素、微量必須元素に分け、赤色、青色などを用いて周期表にマークせよ。

3.2 周期表 14 族の元素および第 3 周期の元素は何か。

3.3 次の元素が属する周期表の周期、族は何か。

Al　O　Xe　I　K　Mg　Si　As　Zn

3.4 次の元素を典型元素、遷移元素、金属元素、非金属元素に分類せよ。

C　Na　Cu　P　Fe　Ar　Ca　Mn　B　S

3.5 次の原子をイオン化エネルギーが大きくなる順に並べよ。

a) F、Cl、Br　　b) He、Ar、Ne　　c) Ar、Cl、S

3.6 次の原子を電子親和力が小さくなる順に並べよ。

a) F、N、O　　b) Cl、F、Br　　c) K、Li、Na

3.7 次の原子を原子半径が大きくなる順に並べよ。

a) B、Li、Be　　b) Se、O、S　　c) S、Cl、P

3.8 Mg 原子と Mg^{2+} では、どちらの半径が大きいか。

3.9 S 原子と S^{2-} では、どちらの半径が大きいか。

3.10 放射性元素ラジウムは骨に蓄積されやすい。なぜか。

第4章 化学結合と分子

食塩のようなイオン化合物、鉄や金のような金属、また、水やメタンのような分子では、原子がどのように結び付いているのだろうか。原子やイオンを結び付けているイオン結合、金属結合、そして共有結合などの化学結合について、原子の電子配置から考えよう。また、分子の間に働く力として、水素結合やファンデルワールス力についても学ぶ。

4·1 イオン結合と金属結合

4·1·1 イオン結合

塩化ナトリウム（NaCl）の結合について考えよう。ナトリウム原子は、価電子1個を失って最外殻がオクテット（2·4節参照）であるネオンと同じ電子配置になりやすい。すると陽子数（11個）が電子数（10個）より多くなる（**図4·1**）。これを元素記号の右上にイオンの価数[*1]と電荷の符号を添えた化学式で Na^+ と表す[*2]。このように、電子を失い、正電荷を持った原子を**陽イオン**という。単原子の陽イオンの名称は、ナトリウムイオン（Na^+）、アルミニウムイオン（Al^{3+}）のように、元素名にイオンを付けて命名する。

*1 原子がイオンになるとき、失ったり受け取ったりした電子の数。ヘリウムやネオンなどの貴ガス元素を除くと、原子は単独では存在しない。

*2 イオンは、元素記号の右上に価数と電荷の符号を付けた化学式で表す。また、イオンを表す化学式は、イオン式と呼ぶこともある。

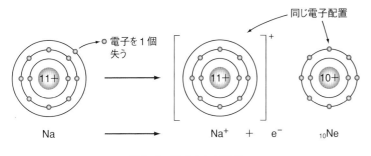

図4·1 陽イオンの形成

一方、塩素原子の電子親和力は大きく、電子を1個受け入れてオクテットであるアルゴンと同じ電子配置になりやすい（**図4·2**）。すなわち、陽子数（17個）より電子数（18個）が多くなるため負電荷を持ち、Cl^- と表す。このような負電荷を持つ原子は**陰イオン**と呼ばれる。単原子の陰イオンの名称は、塩化物イオン（Cl^-）、酸化物イオン（O^{2-}）のように、元素名の語尾を○○化物イオンとする。代表的な単原子イオンと複数の原子からなる多原子イオンの名称を**表4·1**に示した。

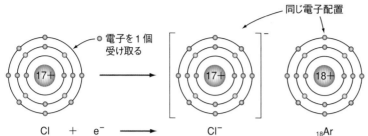

同じ電子配置

電子を 1 個
受け取る

Cl ＋ e^- ⟶ Cl^-　　　$_{18}Ar$　　　**図 4・2　陰イオンの形成**

表 4・1　イオンの名称

価数	陽イオン	化学式	価数	陰イオン	化学式
一価	水素イオン	H^+	一価	フッ化物イオン	F^-
	オキソニウムイオン	H_3O^+		塩化物イオン	Cl^-
	リチウムイオン	Li^+		臭化物イオン	Br^-
	ナトリウムイオン	Na^+		ヨウ化物イオン	I^-
	カリウムイオン	K^+		水酸化物イオン	OH^-
	銀イオン	Ag^+		シアン化物イオン	CN^-
	銅（I）イオン	Cu^+		亜硝酸イオン	NO_2^-
	アンモニウムイオン	NH_4^+		硝酸イオン	NO_3^-
二価	マグネシウムイオン	Mg^{2+}		次亜塩素酸イオン	ClO^-
	カルシウムイオン	Ca^{2+}		亜塩素酸イオン	ClO_2^-
	ストロンチウムイオン	Sr^{2+}		塩素酸イオン	ClO_3^-
	バリウムイオン	Ba^{2+}		過塩素酸イオン	ClO_4^-
	カドミウムイオン	Cd^{2+}		過マンガン酸イオン	MnO_4^-
	ニッケル（II）イオン	Ni^{2+}		酢酸イオン	CH_3COO^-
	亜鉛イオン	Zn^{2+}		炭酸水素イオン	HCO_3^-
	銅（II）イオン	Cu^{2+}		リン酸二水素イオン	$H_2PO_4^-$
	水銀（II）イオン	Hg^{2+}		硫酸水素イオン	HSO_4^-
	鉄（II）イオン	Fe^{2+}		硫化水素イオン	HS^-
	コバルト（II）イオン	Co^{2+}		チオシアン酸イオン	SCN^-
	スズ（II）イオン	Sn^{2+}	二価	酸化物イオン	O^{2-}
	鉛（II）イオン	Pb^{2+}		硫化物イオン	S^{2-}
	マンガン（II）イオン	Mn^{2+}		亜硫酸イオン	SO_3^{2-}
三価	アルミニウムイオン	Al^{3+}		硫酸イオン	SO_4^{2-}
	鉄（III）イオン	Fe^{3+}		チオ硫酸イオン	$S_2O_3^{2-}$
	クロム（III）イオン	Cr^{3+}		炭酸イオン	CO_3^{2-}
四価	スズ（IV）イオン	Sn^{4+}		クロム酸イオン	CrO_4^{2-}
				ニクロム酸イオン	$Cr_2O_7^{2-}$
				リン酸一水素イオン	HPO_4^{2-}
			三価	リン酸イオン	PO_4^{3-}

原子がイオンになるとき放出または受け取った電子の数をイオンの価数という。イオンは、元素記号の右上に価数と電荷の符号を付けた化学式で表される。また、2 個以上の原子が結合した原子団からなるイオンを多原子イオンという。

銅や鉄などには、価数の異なる 2 種類以上のイオンが存在する。このような場合は、価数をローマ数字で示して区別する。例えば、Fe^{2+} は鉄（II）イオン、Fe^{3+} は鉄（III）イオンとなる。

　　こうして生じた陽イオンと陰イオンは、静電気力により引き合い結合を作る。このような結合を**イオン結合**という（**図 4・3**）。陽イオンと陰イオンがイオン結合で結ばれているイオン化合物では、電荷の総和が 0 で

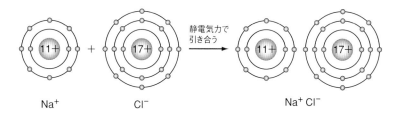

図4・3　イオン結合

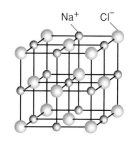

図4・4　イオン結晶

あり、次のような関係が成り立つ。

（陽イオンの価数）×（陽イオンの数）

= （陰イオンの価数）×（陰イオンの数）

そこで、陽イオンと陰イオンの価数がわかれば、イオンの構成元素の組成を示す**組成式**を表すことができる。組成式では、NaCl や CaCl$_2$ のように陽イオン、陰イオンの順に元素記号を並べ、イオンの電荷は示さずに右下にイオンの数の比を添える。代表的なイオン結合による物質を**表4・2**に示した。多数の陽イオンと陰イオンが静電気力で引き合い、交互に規則正しく配列すると**イオン結晶**となる（**図4・4**）[3]。

*3　食塩の結晶では、1 個の Na^+ は 6 個の Cl^- に取り囲まれ、Cl^- は 6 個の Na^+ に取り囲まれた規則正しい構造をしている。

表4・2　組成式で表される物質

	塩化物イオン Cl^-	水酸化物イオン OH^-	硝酸イオン NO_3^-	硫酸イオン SO_4^{2-}
カリウムイオン K^+	塩化カリウム KCl	水酸化カリウム KOH	硝酸カリウム KNO_3	硫酸カリウム K_2SO_4
カルシウムイオン Ca^{2+}	塩化カルシウム $CaCl_2$	水酸化カルシウム $Ca(OH)_2$	硝酸カルシウム $Ca(NO_3)_2$	硫酸カルシウム $CaSO_4$
アルミニウムイオン Al^{3+}	塩化アルミニウム $AlCl_3$	水酸化アルミニウム $Al(OH)_3$	硝酸アルミニウム $Al(NO_3)_3$	硫酸アルミニウム $Al_2(SO_4)_3$
アンモニウムイオン NH_4^+	塩化アンモニウム NH_4Cl	水酸化アンモニウム NH_4OH	硝酸アンモニウム NH_4NO_3	硫酸アンモニウム $(NH_4)_2SO_4$

一般に、水素以外の 1 族元素（アルカリ金属元素）や 2〜3 族元素のように価電子を 1〜3 個持つ原子は、価電子を失って陽イオンになりやすい、すなわち陽性が強い（イオン化エネルギーが小さい）元素である。一方、17 族元素（ハロゲン元素）や 16 族元素は、電子を 1 個から 2 個受け入れて陰イオンになりやすい、陰性の強い（電子親和力の大きな）元素である。したがって，陽性が強い金属元素の原子と陰性が強い非金属元素の原子からなる化合物、例えば臭化ナトリウム NaBr、塩化マグネシウム MgCl$_2$ などの塩、水酸化ナトリウム NaOH などの金属水酸化物、さらに酸化マグネシウム MgO のような金属酸化物はイオン結合で結び付いている。

イオン結合の結合力は大きいので、イオン結晶には融点・沸点が高いものが多い（**表4・3**）。また、固体状態では電気を通さないが、融解したり水に溶かしたりすると、陽イオンや陰イオンに分かれ自由に移動できるようになるので**電気伝導性**を示す[*4]。

*4　$NaCl \rightarrow Na^+ + Cl^-$ のように、物質がイオンに分かれることを電離といい、水溶液中で電離する物質を電解質という。

表4・3　化学結合の種類と化合物の性質

化合物	NaCl	HCl	Fe
結合の種類	イオン結合	共有結合	金属結合
融点（℃）	801	−115	1535
沸点（℃）	1465	−84.9	2750

4・1・2　金属結合

金属元素は、周期表の右上にある元素21種類と水素を合わせた22種類の非金属元素を除いた残りの元素である。金属元素の原子は、イオン化エネルギーが小さいので価電子を放出し陽イオンになりやすい。

$$M \longrightarrow M^{n+} + ne^-$$
金属原子　　　金属イオン　自由電子

このような陽性が強い金属元素の原子が多数集まっている金属の固体では、隣り合う金属原子の価電子が、特定の位置に固定されず全ての金属イオンの間を自由に動き回ることができる（**図4・5**）。この電子を**自由電子**という。この自由電子が正電荷を持つ金属イオンを結び付けている。いわば、自由に動き回る電子の海の中に、金属イオンが配列している状態である。このような自由電子による金属原子間の化学結合を**金属結合**という。金属結合でできた結晶（**図4・6**）を**金属結晶**といい、これを化学式で表すには、鉄はFe、金はAuのように元素記号をそのまま用いた組成式が使われる。

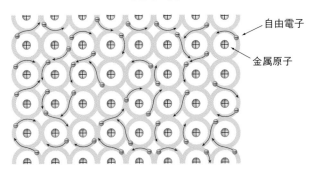

自由電子

金属原子

図4・5　金属結合

図4・6　金属の結晶構造の例
（Na、Fe など）

金、銀、銅などの金属は電気を伝えやすい。自由電子が自由に移動できるためである。また、金属に光が当たると自由電子が反射するため金属光沢を示す。さらに、金属は、たたくと金箔のようなシートに薄く広がる性質（展性）や、引っ張ると針金のように線状に延びる性質（延性）

を持つ。金属イオンの位置がずれても、自由電子がこれを結び付けるためである。

4・2 共有結合

4・2・1 分子と共有結合

水素 (H_2) や水 (H_2O) のように、非金属元素の原子同士の結合はどのように形成されるのだろうか。水素 (H_2) の場合を見てみよう。2個の水素原子 ($1s^1$) が近づき、価電子を1個ずつ出し合い、生じた電子対を互いに共有することによって、いずれの水素原子も安定なヘリウムと同じ電子配置 ($1s^2$) をとろうとする。こうして電子を共有した2個の水素原子が結び付き、水素分子 (H_2) ができる。

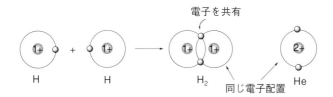

このように、陰性の非金属元素の原子同士が近づいたとき、それぞれ価電子を1個ずつ出し合い、1つの電子対を2つの原子が共有して作る結合を**共有結合**という。また、共有結合で複数の原子が結び付いた粒子を**分子**という。

これを電子式で表すと、水素原子同士が1個の不対電子を出し合って電子対を作り共有している様子を示すことができる。このとき、結合に使われている電子対を**共有電子対**あるいは結合電子対という。また、共有電子対を1本の線（**価標**ともいう）で示したものを**構造式**という。

電子を1個ずつ出し合う

$$H\cdot \ + \cdot H \longrightarrow H\!:\!H \quad \text{共有電子対} \qquad H\!-\!H$$
構造式

フッ化水素分子 (HF) では、水素原子とフッ素原子 ($1s^2 2s^2 2p^5$ で最外殻に7個の電子を持つ) がそれぞれ1個の電子を出し合って電子対を作り、これを共有する。フッ素原子の周りには8個の電子が存在し、ネオンと同じ電子配置 ($1s^2 2s^2 2p^6$) をとって安定化している（**オクテット則**）。ここで、結合に関与していない電子対を**非共有電子対**あるいは孤立電子対という（**図4・7**）。

水素分子 (H_2)、フッ化水素 (HF) のように、原子同士が1対の共有電子対で結び付いている共有結合を**単結合**という。

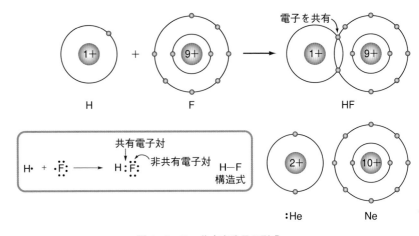

図4・7　フッ化水素分子の形成

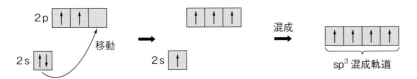

メタン

*5　炭素原子の最外殻であるL殻の電子配置は $2s^2 2p^2$ である。対をなしていない $2p$ 軌道の2つの電子がそれぞれ水素の $1s$ 軌道の電子を共有して結合を作ると CH_2 が生成すると考えられる。しかし、この化合物は安定に存在しない。安定なメタン CH_4 の正四面体構造を説明するため、**混成軌道**という概念が導入された。炭素の $2s$ 軌道の1つの電子がよりエネルギーの高い $2p$ 軌道に移動すると $2s^1 2p^3$ となり、電子が1個だけ入った結合に利用できる軌道が4つになる。この4つの軌道を混ぜ合わせ、同じエネルギーを持つ4つの軌道を作る。得られた軌道を sp^3 混成軌道という（下図参照）。この4つの sp^3 混成軌道を最も反発が少なくなるように配置するためには、原子核を中心に正四面体の各頂点方向に軌道が存在するようにすればよい。そして、これら4つの sp^3 混成軌道の電子1個がそれぞれ水素の $1s$ 軌道の電子1と電子対を作ると、4つの C−H 結合を持つメタンの正四面体構造となる。

次に、都市ガスの成分であるメタン（CH_4）の結合を考えてみよう。炭素原子の最外殻には4個の電子があり、原子価は4（p.14 表2・1参照）である。したがって、4個の水素原子と不対電子を出し合い、生じた電子対を共有し4本の C−H 共有結合が形成される（**表4・4**）。4本の C−H 結合の長さは等しく 0.11 nm である（左上の図）。また、4組の共有電子対同士の反発が最も小さくなるように、メタンは正四面体構造をしており、H−C−H のなす角度は全て 109.5° である[*5]。

また、水分子では、酸素原子の2個の不対電子はそれぞれ水素原子の不対電子と2組の共有電子対を作る。また、酸素上には結合に関与しない非共有電子対が2組存在する（**表4・4**）。

一方、分子式 C_2H_4 のエチレン分子では、炭素原子はそれぞれ2個の水素原子と1個の炭素原子との間で不対電子を出し合い結合している。さらに、炭素の残った2個の電子を炭素原子同士で共有している。したがって、炭素−炭素結合は2対の共有電子対で結ばれる。この2本の価標で結ばれた結合を**二重結合**という。エチレンは平面構造をしており、H−C−H と H−C−C のなす角度は約 120° である。

アセチレン（C_2H_2）の炭素−炭素結合は3本の価標で結ばれた**三重結合**であり、分子全体は直線状である。また、窒素分子（N_2）の窒素−窒素結合も三重結合である。

分子からできた物質は、一般に融点、沸点が低く、電気を通さない（表4・3参照）。

表4・4 分子の電子式と構造式

分子	メタン	水	エチレン	二酸化炭素	アセチレン	窒素
分子式	CH_4	H_2O	C_2H_4	CO_2	C_2H_2	N_2
電子式	H:C:H（H上下）	H:Ö:H	H:C::C:H	:Ö::C::Ö:	H:C⋮⋮C:H	:N⋮⋮N:
構造式	H-C-H（H上下）単結合	H-O-H 単結合	H₂C=CH₂ 二重結合	O=C=O 二重結合	H-C≡C-H 三重結合	N≡N

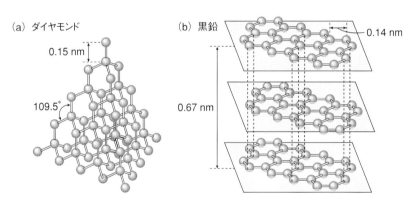

エチレン
H...C=C...H 0.133 nm, 0.108 nm, 121°

アセチレン
180° 0.106 nm
H-C≡C-H
0.120 nm

4・2・2 共有結合の結晶

多数の原子が次々と共有結合でつながった結晶を**共有結合の結晶**という。共有結合の結晶には、炭素 C（ダイヤモンドや黒鉛（**図4・8**））[*6] やケイ素 Si の単体、二酸化ケイ素 SiO_2、炭化ケイ素 SiC など[*7] がある。共有結合の結晶は組成式で表す。共有結合の結晶は化学的にも安定で、一般に硬くて融点が高いものが多い。また、水に溶けにくく、黒鉛以外は電気を通しにくい。

（a）ダイヤモンド
0.15 nm
109.5°

（b）黒鉛
0.14 nm
0.67 nm

図4・8 ダイヤモンド（a）と黒鉛（b）の中の炭素原子の結合の違い

4・2・3 配位結合

結合に必要な電子対が一方の原子だけから提供される結合を**配位結合**という。例えば、アンモニア（NH_3）と水素イオン H^+ が反応するとアンモニウムイオン（NH_4^+）が生成する。アンモニアには共有結合による3つの N-H 結合のほかに、窒素原子上には非共有電子対が存在する。この非共有電子対を水素イオンに与えると、新たな N-H 結合ができる。このように、結合に用いられる電子対が一方の原子からのみ提供される

*6 ダイヤモンド、黒鉛（グラファイトともいう）は炭素 C の同素体である。ダイヤモンドは無色透明で極めて硬く、電気を通さない。一方、黒鉛は黒色で軟らかく電気をよく通す。また、炭素の同素体として球状分子のフラーレンや筒状のカーボンナノチューブと呼ばれる物質が 20 世紀後半になって発見された。これら炭素の同素体では、炭素原子の結合の仕方が異なるため、それぞれ特異的な構造と性質を示す。

*7 ダイヤモンドは宝石や研磨剤、黒鉛は鉛筆の芯、ケイ素は集積回路の基板、二酸化ケイ素は発振器や光ファイバー、ガラスの原料、炭化ケイ素は研磨剤などとして用いられている。

結合を配位結合と呼ぶ。しかし、いったん結合が形成されてしまうと、配位結合と共有結合を区別することはできない。

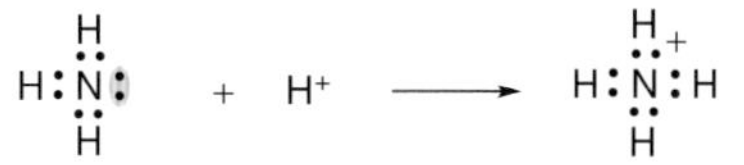

$$
\begin{array}{ccc}
\overset{\displaystyle H}{\underset{\displaystyle H}{H:N:}} & + \quad H^+ & \longrightarrow \quad \overset{\displaystyle H}{\underset{\displaystyle H}{H:N:H}}^+
\end{array}
$$

アンモニア　　　　　　　アンモニウムイオン

4・3　結合の極性

4・3・1　化学結合と電気陰性度

Na^+ と Cl^- との間のイオン結合では、1 個の電子が Na から Cl に完全に移動している。一方、水素分子 H-H や塩素分子 Cl-Cl のように、同じ原子同士が互いに 1 つずつ電子を出し合って形成される共有結合の電子は、どちらの原子にもかたよらず 2 つの原子間に均等に分布している（**図 4・9**）。しかし、塩化水素 H-Cl のように異なる原子間の結合では、共有している電子の分布がどちらかの原子にかたよっている。このかたよりは、原子によって電子を引き付ける力が異なるために生まれる。

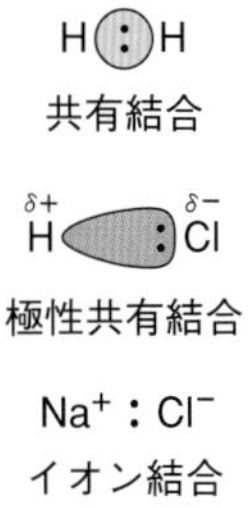

化学結合している原子が共有電子対を自分の方に引き付ける能力を相対的に示した尺度を**電気陰性度**という（3・4・3 項も参照）。ポーリングによって提案された値を図 3・5（p.21）に示した。電気陰性度の大きな原子ほど、共有電子対を強く引き付ける。周期表の右上の方にある原子ほど電気陰性度が大きい[*8]。

4・3・2　極性分子と無極性分子

塩化水素では、塩素の電気陰性度（3.0）の方が水素の電気陰性度（2.1）より大きいので、共有電子対は塩素側に引き付けられている。したがって、塩素原子はわずかに負の電荷を持ち、逆に水素原子はわずかに正の電荷を持つ（**図 4・9**）。このような結合を**極性共有結合**という。これを表すために、電気陰性度の大きな原子に部分的な（δ）負電荷 $\delta-$ を付け、電気陰性度の小さな原子に部分的な正電荷 $\delta+$ を付ける。例えば、H-Cl 結合は H が $\delta+$、Cl が $\delta-$ に分極している。

一般に、電気陰性度の差が 0.5〜2.0 の値であれば極性共有結合と考えてよい[*9]。また、分子全体で極性を持つ分子を**極性分子**という（**図 4・10**）。

一方、水素分子や塩素分子のように、共有電子対が 2 つの同じ原子で共有された結合では、電荷のかたよりは生じない。また、二酸化炭素のように、C＝O 結合は極性を示すが、分子の形が直線形であり結合の極

H ∶ H
共有結合

$\overset{\delta+}{H}$ ∶ $\overset{\delta-}{Cl}$
極性共有結合

Na^+ ∶ Cl^-
イオン結合

図 4・9　結合における電子のかたより

[*8]　貴ガスを除く。

[*9]　NaCl、KF では、電気陰性度の差がそれぞれ 2.1、3.2 でイオン結合である。H_2 や Cl_2 のように同種の原子が結合していれば、電気陰性度の差は 0 で、極性は生じない。

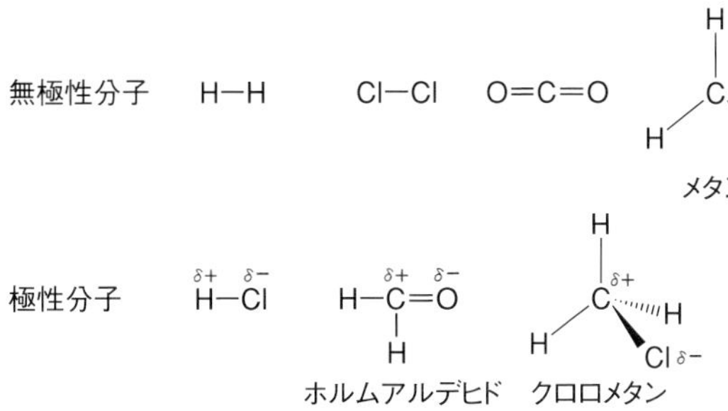

図4・10 極性分子と無極性分子

性を打ち消し合っている分子もある。このように、分子全体として極性を示さない分子を**無極性分子**という[*10]。

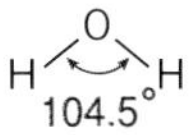

分子量が同じくらいの化合物の場合、極性分子の方が、無極性分子より沸点が高い（**表4・5**）。これはファンデルワールス力（4・4・2項参照）により極性分子同士が引き合うためである。

[*10] 水分子 H_2O は、CO_2 と異なり分子の形が直線状ではなく折れ線形である。したがって、2つの O−H 結合の極性が打ち消されず、分子全体として極性分子になる。

表4・5 分子の極性と性質

	分子	分子量	沸点（℃）
極性分子	HCl	36.5	−85
	CH₃Cl	50.5	−23.8
	SO₂	65	−10
無極性分子	CH₄	16	−161.5
	O₂	32	−183
	F₂	38	−188
	Cl₂	71	−34

4・4 水素結合と分子間力

分子と分子の間に働く弱い力を分子間力という。分子間力には、水素結合やファンデルワールス力がある。

4・4・1 水 素 結 合

周期表16族の水素化合物の分子量と沸点の関係（**図4・11**）からわかるように、H_2S、H_2Se、H_2Te では、分子量の増加とともに沸点が高くなる。この直線を水の分子量（18）のところまで外挿すると、水の沸点は −90℃と予想される。つまり水は常温では気体として存在することになる。しかし、実際の水の沸点は1気圧では100℃である。この高い沸点は、水分子間に**水素結合**による引力が強く働いているためである。

水素原子と、電気陰性度の大きな窒素原子・酸素原子・フッ素原子などとの間の共有結合では、共有電子対が電気陰性度の大きな原子の方に

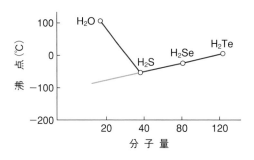

図 4・11　水素化合物の沸点

*11　水素結合は 3 つの原子が一直線に並んだとき最も強い。水分子の場合、水素結合 H…O 間の結合距離は約 177 pm であり、O-H 共有結合の結合距離 96.5 pm より長い。また、H…O 間の水素結合の結合エネルギーは 20 kJ/mol 程度で、H-O 間の共有結合エネルギー約 460 kJ/mol に比べかなり小さい。

*12　タンパク質の立体構造や、生命の遺伝情報を司る DNA の二重らせん構造にも、水素結合が重要な役割を果たしている。

引き寄せられるため、水素原子は部分的な正電荷を帯びる。その結果、電気陰性な原子に結合した水素原子は、近くにある別の分子が持つ電気陰性な原子の非共有電子対と、X-H…:X のように水素原子を仲立ちとして静電気的な力による結合を生じる。これを水素結合という（**図 4・12**）[11]。

水素結合は、水やフッ化水素、酢酸など同じ分子間だけでなく、水とエタノールとの間のように、異なった分子間でも生じる。水素結合は、水の沸点や溶質分子の水への溶解性などの性質に大きな影響を与えている[12]。

4・4・2　ファンデルワールス力

分子量のほぼ等しいフッ素 F_2 と塩化水素 HCl の沸点を比較すると、

Column　水と氷の構造

コップの中の氷が水の表面に浮くのはなぜだろう。氷では 1 個の水分子が隣り合う 4 個の水分子と水素結合を形成し、規則正しいすき間の多い構造を作っている。氷が液体の水になると、水素結合が部分的に壊れ規則的な構造がくずれる。その結果、自由になった水分子がすき間に入り込み、体積が減少する。すなわち、液体の水の密度（密度 ＝ 質量/体積）は氷より大きくなり（0 ℃における密度は、水 0.9998 g/cm^3、氷 0.9168 g/cm^3）、氷は水に浮く。

また、一般的な液体の密度は温度が高くなるにつれて小さくなるが、水の密度は 4 ℃のときが最大である。すなわち、0 ℃の水より 4 ℃の水の方が重い。冬季に湖の表面が氷で覆われている場合、水面付近は 0 ℃である

が、密度の大きな 4 ℃の水は湖底に沈む。したがって、湖底の魚は凍らず生き残ることができる。

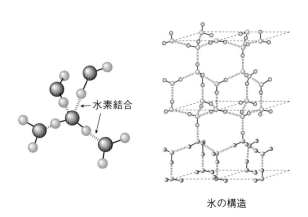

氷の構造

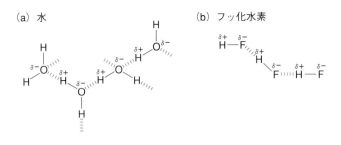

(a) 水　　　　　　　　　　　　(b) フッ化水素

(c) 酢酸 [13]　　　　　　　　　(d) エタノールと水

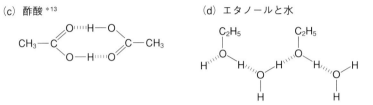

図 4・12　水素結合

HClの方が高い（表4・5）。F_2 が無極性分子であるのに対し、HCl は極性
分子であり、正電荷 $\delta+$ と負電荷 $\delta-$ の間の静電気的な引力により分子
間で引き合うためである（**図 4・13**）。一方、無極性分子である F_2 やメタ
ン CH_4 は冷却すると液体となる。無極性分子でも、瞬間的に電子の分布
にかたよりが生まれる結果、隣り合う分子の電子分布に影響を与え、こ
れら分子間で引き合う力が働くためである[14]。

　このような、分子間に働く弱い力を**ファンデルワールス力**という。

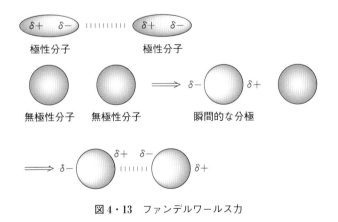

極性分子　　　　　　極性分子

無極性分子　　無極性分子　　　瞬間的な分極

$\delta-$　　　　　　　　　　$\delta+$

図 4・13　ファンデルワールス力

4・4・3　分子結晶

　ドライアイス CO_2 は、二酸化炭素分子同士が弱いファンデルワールス
力で互いに結ばれてできた結晶である（**図 4・14**）。このように、多数の
分子が分子間力によって引き合い、規則正しく配列してできた結晶を**分**

*13　酢酸 CH_3COOH（分子量
60.1）は、2分子が水素結合によ
り二量体を形成する。したがって、
酢酸の沸点（118℃）は水素結合
を形成しない酢酸メチル
CH_3COOCH_3（分子量 74.1）の沸
点（57℃）より高い。

*14　液体を加熱してエネル
ギーを与えると、分子間に働く引
力に打ち勝って、分子はばらばら
になって自由に空間を飛び回る
ようになる。すなわち、液体は蒸
発して気体となる。分子が液体や
固体として存在するのは、分子同
士が弱い力で引き合っているた
めである。

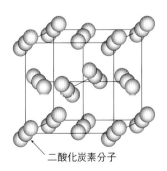

二酸化炭素分子

図 4・14　ドライアイスの結晶

*15 ファンデルワールス力によって分子が結ばれてできた分子結晶として、ヨウ素 I_2、ナフタレン $C_{10}H_8$、メタン CH_4 などがある。また、氷の結晶では、水が水素結合によってすき間の多い網目構造を作っている（本章コラム参照）。

子結晶[*15] という。分子結晶は弱い分子間力で結び付いているため、一般に軟らかく、融点が低い。また、常圧で昇華しやすいものが多い。分子結晶は電気を通さない。

結晶の種類と性質を**表4・6**にまとめた。

表4・6　結晶の種類と性質

	結合の種類	融点	電気伝導性	例（融点 ℃）
イオン結晶	イオン結合	高い	固体では、なし 液体、水溶液では、あり	NaCl (801)、$BaSO_4$ (1580)
金属の結晶	金属結合	様々な値	あり	Fe (1535)、Al (660)、Cu (1083)
共有結合の結晶	共有結合	極めて高い	なし（黒鉛では、あり）	C (黒鉛) (3530)、SiO_2 (1713)
分子結晶	分子間力（ファンデルワールス力、水素結合）	低い	なし	CO_2 (昇華 −79)、I_2 (114) ナフタレン $C_{10}H_8$ (80.5)

演習問題

4.1 ネオンと同じ電子配置を持つイオンは、次のうちどれか。

(a) F^-　　(b) Br^-　　(c) S^{2-}　　(d) Na^+　　(e) Ca^{2+}

4.2 次のイオンと同じ電子配置を持つ貴ガス原子は何か。

(a) Cl^-　　(b) O^{2-}　　(c) Li^+　　(d) Ca^{2+}

4.3 次の元素の組み合わせのうち、イオン結合を作るのはどれか。

(a) Mg、Br　　(b) C、F　　(c) K、O　　(d) He、Li

4.4 次の元素の組み合わせのうち、共有結合を作るのはどれか。

(a) Li、Cl　　(b) C、S　　(c) O、Si　　(d) C、Ar

4.5 次の化合物を、イオン結合からなる化合物、あるいは共有結合からなる化合物に分類せよ。

NaF、KOH、BaO、CO、NH_3、AgCl

4.6 次の結合を、共有結合、極性共有結合、あるいはイオン結合に分類せよ。

(a) HCl　　(b) KCl　　(c) CH_3CH_3 の C-C 結合　　(d) Br_2

4.7 次の分子を極性分子と非極性分子に分類せよ。

(a) メタン　　(b) 二酸化炭素　　(c) エタノール　　(d) 塩化水素

4.8 水とメタノールが水素結合している様子を図示せよ。

4.9 次の分子の組み合わせの間で、水素結合を作るのはどれか。

(a) メタノール、メタン　　(b) 水、ヘリウム　　(c) 水、食塩　　(d) 酢酸、水

4.10 次の物質のうち、ファンデルワールス力が働くのはどれか。

(a) フッ素 F_2　　(b) 二酸化炭素　　(c) 塩化ナトリウム　　(d) メタノール

第5章 物質の量と状態

医療検査では、血液、唾液、尿など様々な体液を使用する。また、医薬品や臨床診断薬は液体や粉末のものが多く、酸素や亜酸化窒素（一酸化二窒素）[*1]などの医療用ガスは気体である。このように医療現場では、固体、液体、気体のどの状態も取り扱われる。さらに、医療従事者は様々な濃度の溶液や気体を使用するが、濃度が薄すぎると薬効は期待できず、濃すぎると副作用で患者にダメージを与えてしまう。本章では、原子量と分子量、モル、濃度、物質の三態、状態図などについて学ぶ。

5・1　原子量と分子量、モル

5・1・1　原子量

自然界に存在する多くの元素には、**相対質量**[*2]の異なる同位体（1・3節参照）が混じっている。同位体の存在比は、それぞれの元素でほぼ一定なので、各同位体の相対質量の値と存在比から、その元素を構成する原子の相対質量の平均値が計算されている。この平均値を、その元素の**原子量**という[*3]。元素の周期表に示してある原子量の値[*4]は、各元素の同位体の相対質量を平均して求めたものである。

5・1・2　分子量と式量

H_2O のような分子式の中の元素の原子量の総和を**分子量**といい、NH_4^+ や NaCl のようなイオンの化学式や組成式（4・1・1項参照）の中に含まれる元素の原子量の総和を**式量**という。例えば、水分子の分子量、塩化ナトリウム NaCl とアンモニウムイオン NH_4^+[*5]の式量は、次のようにして求められる。

H_2O：（H の原子量 1.0）× 2 +（O の原子量 16）＝ 18

NaCl：（Na の原子量 23）+（Cl の原子量 35.5）＝ 58.5

NH_4^+：（N の原子量 14）+（H の原子量 1.0）× 4 ＝ 18

5・1・3　モルとアボガドロ定数

物質の変化などを量的に扱うには、粒子の個数に注目して物質の量を考えることが便利である。**モル**（mol）は**物質量**の単位であり、1 mol は $6.02214076 \times 10^{23}$ 個（この数値を**アボガドロ数**という）の粒子の集合体で構成された系の物質量である。また、単位物質量当たりの粒子数を**アボガドロ定数** $N_A = 6.02214076 \times 10^{23}/\text{mol}$、物質 1 mol の質量を**モル質**

*1　笑気ガスとも呼ばれ、麻酔薬として利用されている。弛緩した患者の顔が笑っているように見えたことから笑気ガスと呼ばれている。

*2　相対質量の基準として、質量数 12 の炭素原子 $^{12}_{6}C$ の質量を 12 と定めて、ほかの原子の相対質量の値を求めることが国際的に決められている。

*3　地球上の炭素には、^{12}C（相対質量 12）が 98.93 %、^{13}C（相対質量 13.003）が 1.07 % 含まれているので、炭素の原子量は次のようにして求められる。ただし、^{14}C は極微量なので原子量の計算に含まない。

　　炭素の原子量
　　　= 12×0.9893 +
　　　$13.003 \times 0.0107 = 12.011$

*4　原子量は相対値なので単位は付かない無次元値である。

*5　イオンの式量において、電子 1 個の質量は、陽子や中性子の 1 個の質量の 1840 分の 1 と小さいので、無視できる。

35

図5・1　原子1 molの原子の数とモル質量

量（g/mol）という（**図5・1**）。

　イタリアのアボガドロは、「同温同圧の下で、同体積の気体は、気体の種類に関係なく同数個の分子を含む」という**アボガドロの法則**を提唱した。つまり、物質量が等しい気体は同数の分子を含むので、アボガドロの法則により、同温・同圧のもとでは、その種類によらず同じ体積を占める。

　したがって、同温同圧下で、気体の体積は物質量のみに比例し、分子1 molが占める体積は、全ての気体でほぼ同じになる。**標準状態**（0 ℃、1.013×10^5 Pa＝1 atm（1 気圧））で全ての気体1 molの体積はほぼ22.4 Lになる（**図5・2**）。

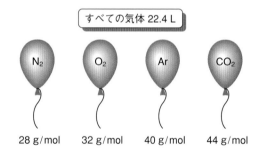

図5・2　標準状態における各気体1 molの体積とモル質量

　物質の粒子の数、質量または標準状態の気体の体積がわかれば、次の式を用いて物質量 n（mol）を求めることができる。

$$物質量\ n\,(\mathrm{mol}) = \frac{粒子の数}{アボガドロ定数\,(/\mathrm{mol})} = \frac{質量\,(\mathrm{g})}{モル質量\,(\mathrm{g/mol})}$$

$$= \frac{標準状態の気体の体積\,(\mathrm{L})}{22.4\,(\mathrm{L/mol})}$$

5・2　濃　度

塩化ナトリウムを水の中に入れると、塩化ナトリウムの結晶を形成しているナトリウムイオン Na$^+$ と塩化物イオン Cl$^-$ は、水の中に入り込んで均一な液体になる。このような現象を**溶解**という。溶解によって生じた均一な液体を**溶液**、水のようにほかの物質を溶かす液体を**溶媒**、塩化ナトリウムのように溶媒に溶けた物質を**溶質**という（**図5・3**）。また、溶液中に溶けている溶質の割合を濃度といい、いろいろな表し方がある。

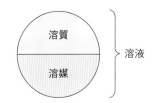

溶液：食塩水
溶質：食塩（塩化ナトリウム NaCl）
溶媒：水・H$_2$O

図5・3　溶液、溶質、溶媒

*6　オキシドール（日本薬局方名）は 2.5〜3.5 w/v% の過酸化水素を含む水溶液であり、外用殺菌消毒薬として利用されている。添加物としてフェナセチンやリン酸などを含有する。オキシフルという商品名でも呼ばれている。

5・2・1　パーセント（%）濃度

塩酸、消毒用エタノール、オキシドール[*6]のラベルを比較すると、塩酸には 35 %、消毒用エタノールには 76.9〜81.4 vol%、オキシドールには 3.0 w/v% と表示されている（**図5・4**）。これらの数値は、溶液中に溶けている溶質の濃度を百分率で表している。単位はいずれもパーセントであるが、溶液と溶質の単位（質量、容量）によって使い分けられている。質量パーセント濃度、容量パーセント濃度、質量対容量パーセント濃度について説明する。

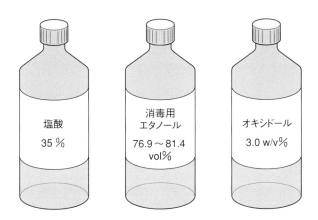

図5・4　塩酸、消毒用エタノール、オキシドールの容器のラベル

A　質量パーセント濃度（%）

質量パーセント濃度（%）は、溶液の質量に対する溶質の質量の割合をパーセント（百分率）で示した濃度である（**図5・5**）。w/w% と書くこともあるが、単に%だけで表示することが多い。w/w の w は weight（質量）の略である。溶液 100 g 中の溶質の質量（g）を表す。35 %塩酸とは、塩酸水溶液（溶液）100 g 中に塩化水素（溶質）が 35 g 溶けていることを意味する。

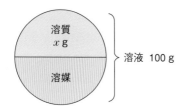

溶液 100 g 中に x g 溶けていれば x ％となる

$$質量パーセント濃度（\%）= \frac{溶質の質量（g）}{溶液の質量（g）} \times 100$$

図 5・5　質量パーセント濃度（％）

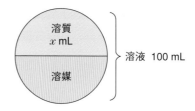

溶液 100 mL 中に x mL 溶けていれば x vol% となる

$$容量パーセント濃度（vol\%）= \frac{溶質の容量（mL）}{溶液の容量（mL）} \times 100$$

図 5・6　容量パーセント濃度（vol%）

B　容量パーセント濃度（vol%）

容量パーセント濃度（vol%）[7] は、溶液の容量に対する溶質の容量の割合をパーセント（百分率）で示した濃度である（**図 5・6**）。v/v%と書くこともあるが、単に vol%だけで表示することが多い。v/v の v は volume（容量）の略である。溶液 100 mL 中の溶質の容量（mL）を表す。76.9〜81.4 vol%消毒用エタノールは、消毒用エタノール（溶液）100 mL 中にエタノールが 76.9〜81.4 mL 含まれていることを意味する。

C　質量対容量パーセント濃度（w/v%）

質量対容量パーセント濃度（w/v%）[8] は、溶液 100 mL 中の溶質の質量（g）を表す（**図 5・7**）。オキシドールは過酸化水素の水溶液である。3.0 w/v%オキシドールは、オキシドール（溶液）100 mL 中に過酸化水素 H_2O_2 が 3.0 g 溶けていることを意味する。

5・2・2　百万分率（ppm）

百万分率（ppm）[9] は parts per million の略で、ピー・ピー・エムと読む。溶液の質量に対する溶質の質量の割合を ppm（百万分率）で示した濃度である（**図 5・8**）。例えば、溶液 1 kg に溶質 1 mg が含まれるとき、

*7　容量パーセント濃度（vol%）は、消毒剤のイソプロパノールなどの濃度表示にも使われている。

*8　質量対容量パーセント濃度は、次亜塩素酸ナトリウム液、グルタール液、クロルヘキシジン液、塩化ベンザルコニウム液、ポピドンヨード液などの消毒液の濃度表示に使われている。

*9　ppm は、歯科の領域で、フッ化物塗布やフッ素（F）濃度の表示や次亜塩素酸ナトリウム液の濃度表示に使われている。

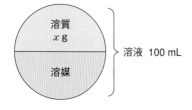

溶液 100 mL 中に x g 溶けていれば x w/v% となる

$$質量対容量パーセント濃度（w/v\%）= \frac{溶質の質量（g）}{溶液の容量（mL）} \times 100$$

図 5・7　質量対容量パーセント濃度（w/v%）

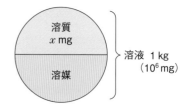

溶液 1 kg 中に x mg 溶けていれば x ppm となる

$$ppm = \frac{溶質の質量（mg）}{溶液の質量（mg）} \times 10^6 = \frac{溶質の質量（mg）}{溶液の質量（kg）}$$

図 5・8　百万分率（ppm）

これを 1 ppm という。また、水中に含まれる物質の濃度を表す場合には、1 L 当たり 1 mg を 1 ppm として表す。

5・2・3　容量モル濃度（mol/L）

容量モル濃度（mol/L）[*10] は、溶液 1 L 中の溶質の量を物質量（mol）で示した濃度である（**図5・9**）。

*10　容量モル濃度の単位 mol/L を M で表すこともある。例えば 0.1 M HCl は 0.1 mol/L HCl のことである。

5・2・4　質量モル濃度（mol/kg）

質量モル濃度（mol/kg）は、溶媒 1 kg 中の溶質の量を物質量（mol）で示した濃度である（**図5・10**）。

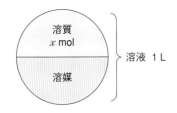

溶液 1 L 中に x mol 溶けていれば x mol/L となる

$$容量モル濃度（mol/L）= \frac{溶質の物質量（mol）}{溶液の体積（L）}$$

図5・9　容量モル濃度（mol/L）

$$質量モル濃度\ m（mol/kg）= \frac{溶質の物質量（mol）}{溶媒の質量（kg）}$$

図5・10　質量モル濃度（mol/kg）

5・2・5　容量オスモル濃度（Osm/L）とグラム当量（Eq）

輸液を使う治療は、患者の容態や病状に合った輸液製剤を用いて水分や電解質を補充することにより、体液バランスを正常に保つことができる。このときに使われる注射剤は、成分量が ％、mg/L、mEq/L、mOsm/L などで記載されている。ここでは容量オスモル濃度（Osm/L）とグラム当量（Eq）について簡単に説明する。

容量オスモル濃度（容量浸透圧濃度）（Osm/L）[*11] は、溶液中の粒子（分子とイオン）の濃度の総和である。例えば、電離[*12]しない化合物 1 mol/L 水溶液が示す容量オスモル濃度は 1 Osm/L であり、1 mol/L の塩化ナトリウム水溶液は水溶液中でナトリウムイオンと塩化物イオンに電離するため、容量オスモル濃度は 2 Osm/L である。

グラム当量（Eq、イクイバレント）は、原子量（または分子量）をその原子（または分子）が持つ原子価（または電荷数）で割った値である。具体的には、Ca^{2+}（原子量 40）のグラム当量は 40/2 ＝ 20 g が 1 Eq である。つまり、水 1 L 中に Ca^{2+} が 20 g 溶けていれば、1 Eq/L である。

*11　血漿 の容量オスモル濃度は 285 ± 5 mOsm/L である。

*12　イオン化とも呼ばれ、原子、分子、電解質などがイオンに解離する現象である。

5・2・6　溶液調製

消毒液や薬剤の溶液を調製することの多い医療従事者にとって、**溶液調製**という操作は重要な技法の一つである。

1.00 mol/L NaCl 水溶液 100 mL の調製：NaCl 5.85 g（0.100 mol）をビーカーに正確に測り取り、少量の純水を加えて完全に溶かす。この溶液を 100 mL のメスフラスコに移し、ビーカー内を純水で数回洗い、その洗液を全て入れ、標線まで水を加える。栓をしてよく振り混ぜ、均一な溶液にする。

C mol/L の溶液が V L あるとき、その溶液中の溶質の物質量（mol）は CV で表せる。この式を用いると簡単に希釈液を作ることができる。

希釈前の溶液に含まれる物質量 ＝ 希釈後の溶液に含まれる物質量

$$CV = C'V'$$

C：希釈前の濃度、V：希釈前の容量、

C'：希釈後の濃度、V'：希釈後の容量

これらは、全ての濃度（パーセント濃度、百万分率（ppm）、モル濃度など）で使えるが、単位は統一しなければならない。

5・2・7　質量パーセント濃度 a（w/w%）から容量モル濃度 C（mol/L）への換算[*13]

溶液の濃度は、必要に応じていろいろな単位に表される。質量パーセント濃度 a（w/w%）から容量モル濃度 C（mol/L）への換算について、モル質量が M（g/mol）、密度が d（g/cm³）の物質を溶質とする水溶液では、容量モル濃度 C（mol/L）の値は次のようにして計算できる。

$$C \text{（mol/L）} = 1000 \text{（mL/L）} \times d \text{（g/cm}^3） \times (a/100) \div M \text{（g/mol）}$$
$$= \frac{10ad}{M}$$

[*13] 塩酸、硝酸、硫酸、アンモニア、過酸化水素などの水溶液を購入すると、そのラベルには密度 d（g/cm³）と質量パーセント濃度 a（w/w%）が記載されているので、容量モル濃度（mol/L）に換算する場合は、$C = 10ad/M$ を公式として覚えておくと便利である。

5・3　物質の三態

5・3・1　固体・液体・気体

物質は、原子・分子・イオンなどの粒子でできており、温度や圧力により、**固体**、**液体**、**気体**のどれかの状態で存在する。物質の固体、液体、気体の三つの状態を**物質の三態**という。

一般に、温度や圧力を変化させると、物質の状態が変化する。物質の状態は、その構成粒子の集合状態の違いが反映され、粒子の熱運動と粒子間に働く引力の大きさによって状態が決まる（**図 5・11**）。

結晶を加熱すると融解し、液体の状態となる。この融解する温度が**融点**である。液体を冷やしていくと、凝固して固体となる。この凝固する温度が**凝固点**である。液体を加熱していくと、蒸発して気体となる。大

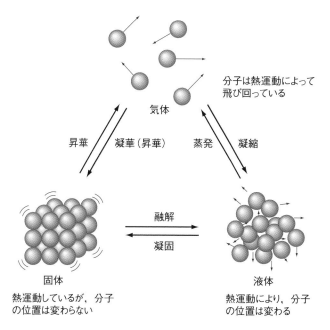

分子は熱運動によって
飛び回っている

気体

昇華　凝華（昇華）　蒸発　凝縮

融解

凝固

固体

熱運動しているが，分子
の位置は変わらない

液体

熱運動により，分子
の位置は変わる

図5・11　物質の三態と固体・液体・気体における分子の熱運動

気圧のもとで液体を加熱すると、液面ばかりでなく、液体内部からも激しく蒸発が起こるようになる。この現象を**沸騰**[14]という。この沸騰するときの温度を**沸点**という。これに対して、気体を冷やしていくと、液体の状態になる。これが凝縮である。このほかに、ヨウ素やドライアイスのように、固体から気体に昇華することがある。

5・3・2　融解熱・蒸発熱

　物質が融解するときに吸収する熱量を**融解熱**、蒸発するときに吸収する熱量を**蒸発熱**、昇華するときに吸収する熱量を**昇華熱**、凝縮するときに放出する熱量を**凝縮熱**、凝固するときに放出する熱量を**凝固熱**という（**表5・1**）。これらの熱量は物質の種類により異なり、通常、標準大気圧（1.013×10^5 Pa）下、物質 1 mol 当たりの熱量で示す。例えば、0 ℃の氷の融解熱は 6.01 kJ/mol[15]、100 ℃の水の蒸発熱は 40.7 kJ/mol である。

*14

加熱

　沸騰：気化が液体の表面で起こる蒸発だけでなく、液体内部からも起こる現象。

*15　1 cal = 4.184 J
　　　1 J = 0.239 cal

表5・1　物質の融点・沸点と融解熱・蒸発熱

物質	分子量	融点（℃）	沸点（℃）	融解熱（kJ/mol）	蒸発熱（kJ/mol）
水素 H_2	2.0	−259	−253	0.117	0.904
窒素 N_2	28	−210	−196	0.72	5.58
酸素 O_2	32	−218	−183	0.44	6.82
水 H_2O	18	0	100	6.01	40.7

Column　氷枕と融解熱、汗と蒸発熱

　熱があるとき、氷枕や水で絞ったタオルで頭を冷やしたことはないだろうか。氷枕は氷で冷やすだけではなく、氷が水に変わるときの融解熱を利用して体を冷やしている。氷の融解熱は 6.01 kJ/mol であり、H_2O 1 mol は約 18 g だから、1 kg における値に換算すると 334 kJ/kg である。つまり、1 kg の氷を使った氷枕では 334 kJ の熱を奪うことができる。水で絞ったタオルも同様で、水が蒸発するときの蒸発熱を利用して冷やしている。水の蒸発熱は 2260 kJ/kg であることから、わずかな水の量でたくさんの熱を奪うことができる。暑い日にかく汗も、汗の水分が蒸発して身体の熱を奪い、体温調節に役立っている。

5・3・3　気体の法則

　気体の種類に関係しない共通の法則として、アボガドロの法則、ボイルの法則、シャルルの法則、ドルトンの分圧の法則などがある。アボガドロの法則は 5・1・3 項で述べたので、ほか 3 つの法則について簡単に説明する。

A　ボイルの法則

　一定温度において、一定量の気体の体積 v は圧力 p に反比例する。
$$pv = a\,(a は温度と物質量によって決まる定数)$$

B　シャルルの法則

　一定圧力において、一定量の気体の体積 v は熱力学温度（絶対温度）T[*16] に比例する。

$$\frac{v}{T} = b\,(b は圧力と物質量によって決まる定数)$$

*16　熱力学温度（ケルビン、K）と摂氏（セルシウス度、℃）の関係は、K ＝ ℃ ＋ 273.15 である。

　ボイルの法則とシャルルの法則をまとめたものがボイル-シャルルの法則であり、次のように表される。

$$\frac{pv}{T} = c\,(c は物質量によって決まる定数)$$

　圧力 p、絶対温度 T、体積 v の一定質量の気体を、圧力 p'、絶対温度 T'、体積 v' に変化させたとき、次の関係式で表される。

$$\frac{pv}{T} = \frac{p'v'}{T'}$$

　標準状態（0 ℃、1.013×10^5 Pa）で 1 mol 当たりの気体の体積は 22.4 L であることから、これらの数値をボイル-シャルルの法則に代入して

c を求めると、$8.31 \times 10^3\,(\mathrm{Pa \cdot L/(K \cdot mol)})$ が求まる。c の値は、気体 1 mol について、その種類、圧力、体積および温度に関係なく一定であるので、これを**気体定数** R という。このようにボイル-シャルルの法則から、物質量を $n\,(\mathrm{mol})$ とすると、次の**理想気体の状態方程式**が導かれる。

$$pv = nRT\ (R = 8.31 \times 10^3\,\mathrm{Pa \cdot L/(K \cdot mol)})$$

C　ドルトンの分圧の法則

混合気体の全圧は、その各成分気体の分圧の和に等しい。

例えば、混合気体において、成分気体 a, b, c… の分圧を、それぞれ P_a, P_b, P_c…、混合気体の全圧を P とすると、次の関係が成り立つ。

$$P = P_a + P_b + P_c + \cdots$$

5・4　状　態　図

純物質の状態変化は、温度や圧力の変化により起こる。物質の状態を、縦軸に圧力、横軸に温度をとって表した図を**状態図**（相図）という。**図 5・12** に水と二酸化炭素の状態図を示す。

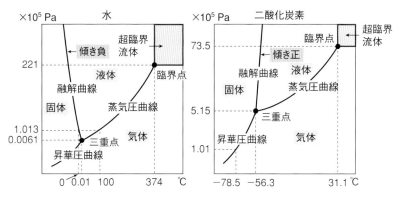

図 5・12　水と二酸化炭素の状態図

状態図の 3 本の曲線で分けられた領域では、物質は固体、液体、気体のどれかの状態で存在する。また、これらの曲線上では両側の状態が共存し、固体と液体を区切る曲線は融解曲線、液体と気体を区切る曲線は蒸気圧曲線である。**三重点**[17]では、固体、液体、気体の三態が共存する。また、温度、圧力が、臨界点の温度、圧力よりも大きいときは、液体と気体が区別できなくなり、いくら圧力を高めても凝縮が起こらない。この状態は**超臨界状態**と呼ばれ、その状態にある物質を**超臨界流体**[18]という。超臨界流体は、気体のように粘性が小さい上に、液体（溶媒）の性質も合わせ持っている。

大気圧のもとで固体の水を加熱していくと、0 ℃で融解が起こり、100

*17　三重点は固相、液相、気相の三相が共存する平衡状態で、物質に固有の温度および圧力である。

*18　二酸化炭素の超臨界流体は、コーヒー豆のカフェイン抽出などに利用されている。

℃で沸騰が起こる。これに対して、二酸化炭素の場合は、ドライアイスを大気圧のもとで加熱すると、−78.5℃で昇華し、直接気体になる。

　多くの物質は、二酸化炭素のように融解曲線の傾きが正であり、固体を加圧しても液体に変化することはないが、水の融解曲線の傾きは負なので、固体を加圧していくと液体に変化する（図5・12）。

演 習 問 題

　次の各設問に答えよ。ただし、原子量は H = 1、He = 4、C = 12、N = 14、O = 16、F = 19、Na = 23、P = 31、S = 32、Cl = 35.5、Ca = 40 とする。また、有効数字については第 7 章コラム「有効数字」を参照されたい。

5.1　自然界の塩素原子には ^{35}Cl、^{37}Cl の 2 種類の同位体がある。原子の相対質量が質量数に等しいものとして、塩素の原子量を有効数字 3 桁の数値で答えよ。ただし、各原子の存在比は ^{35}Cl 75.8 %、^{37}Cl 24.2 % とする。

5.2　次の物質やイオンの分子量または式量を求めよ。

　　(a) 酸素　(b) 二酸化炭素　(c) 硫酸　(d) 硝酸　(e) 炭酸カルシウム　(f) リン酸カルシウム

　　(g) リン酸イオン　(h) ナトリウムイオン

5.3　次の空欄に適当な数値を記入せよ。ただし、標準状態で 1 mol の気体の体積は 22.4 L、アボガドロ定数 $N_A = 6.0 \times 10^{23}$/mol とする。

物質	物質量 (mol)	分子の個数 (個)	質量 (g)	標準状態の体積 (L)
水素	1			
ヘリウム			2	
窒素		1.2×10^{24}		
二酸化炭素				5.6

5.4　10 w/v% 塩化ベンザルコニウム水溶液 500 mL 中には何 g の塩化ベンザルコニウムが含まれるか。

5.5　50 vol% の消毒用プロパノール 200 mL 中には何 mL のプロパノールが含まれるか。

5.6　900 ppm フッ化物イオン濃度のフッ化ナトリウム水溶液 1 L を調製したい。何 mg のフッ化ナトリウム NaF が必要か。有効数字 3 桁の数値で答えよ。

5.7　水酸化ナトリウム 20 g に水を加えて 500 mL の水溶液を調製した。この水溶液の容量モル濃度 (mol/L) を求めよ。

5.8　生理食塩水は、0.900 w/v% 塩化ナトリウム水溶液である。この溶液について各設問に答えよ。ただし、NaCl の式量は 58.5 とする。

　　(1) 生理食塩水 1.00 L 中に含まれる塩化ナトリウムは何 g か。有効数字 3 桁の数値で答えよ。

　　(2) 生理食塩水の容量モル濃度 (mol/L) を求めよ。有効数字 3 桁の数値で答えよ。

5.9　市販の濃塩酸は密度が 1.18 g/cm^3 で、HCl を 36 % 含む。次の各設問に答えよ。

　　(1) 濃塩酸の容量モル濃度を求めよ。有効数字 3 桁の数値で答えよ。

　　(2) 0.5 mol/L 塩酸水溶液 200 mL を調製するには、濃塩酸を何 mL 必要とするか。有効数字 2 桁の数値で答えよ。

5.10　体積 10.0 L のボンベに 27℃で気体を封入したところ、500 kPa であった。この気体は、0℃、100 kPa で何 L か。

5.11　次の語句を説明せよ。

　　(a) 沸騰　(b) 三重点　(c) 超臨界流体

第6章 溶液の化学

ヒトの体重のおよそ 60 % が水である。水は種々の電解質や非電解質などを溶かして血液やリンパ液、組織液、体腔液、細胞内液などを構成し、生体内で重要な役割をしている。また、生体内の高分子化合物はコロイド溶液として存在する。本章では、生体内で物質が水に溶ける現象、水に溶けた物質の溶液内の状態、水溶液の性質を理解するために、溶解と溶媒和、溶解度、蒸気圧と浸透圧、コロイドなどについて学ぶ。

6・1 溶解と溶媒和

食塩（塩化ナトリウム）やエタノールは水に溶けるが、ベンゼンやナフタレンは水には溶けない。ここでは、塩化ナトリウムとエタノールの水への溶解について説明する。

6・1・1 塩化ナトリウムの溶解

溶媒分子が溶質のイオンや分子にくっついていることを**溶媒和**といい、溶媒分子が水の場合を**水和**という。塩化ナトリウムのようなイオン結晶を水の中に入れると、結晶の表面にある Na^+ と Cl^- に水分子が水和し、これらの水和したイオン（水和イオン）を水の中へ引き込み、水の中へ拡散していく（**図6・1**）。これが**溶解**である。

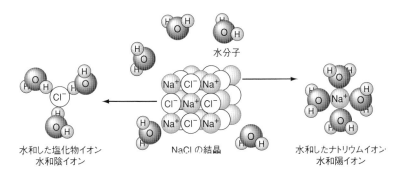

水分子

水和した塩化物イオン・
水和陰イオン

NaCl の結晶

水和したナトリウムイオン・
水和陽イオン

図6・1 水への塩化ナトリウムの溶解

塩化ナトリウムのように、水に溶かすと水和陽イオンと水和陰イオンとを生じるような物質を**電解質**という。電解質は、水に溶かすとほぼ全てが電離する強電解質と、一部しか電離しない弱電解質に分けられる。これに対して、電離しない物質、つまり、水溶液中で水和イオンを生じ

ない物質を**非電解質**という。

6・1・2　エタノールの溶解

エタノール分子中のヒドロキシ基 -OH は、水分子の中の OH と同じように極性があるので、エタノール分子のいくらか負の電荷を帯びた O 原子と正の電荷を帯びた H 原子のところで水和が起こる。すなわち、エタノール分子同士の間の水素結合が切れ、エタノール分子は水分子と水素結合によって水和して、水に溶解する（**図6・2**）。

ヒドロキシ基のように水和しやすい性質を持つ基は**親水基**と呼ばれ、エチル基のように水和しにくい性質の基は**疎水基**と呼ばれる。グリセリン、グルコース、スクロース（ショ糖）などは、分子中にヒドロキシ基が多くあるので、水によく溶ける。これに対して、ベンゼンやナフタレンなどは、分子の中に親水基がないので、水の中に入れても水和が起こらず、水には溶けない（**図6・3**）。

図6・2　エタノール分子の水和

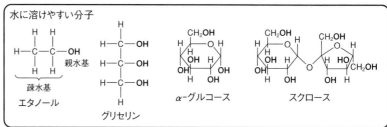

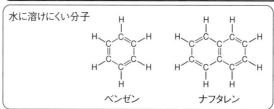

図6・3　水に溶けやすい分子と溶けにくい分子

6・2　溶解度

6・2・1　飽和溶液

一定量の水に食塩を溶かしていくと、ある量以上は溶けない。このように、一定体積または一定質量の溶媒に溶ける溶質の最大量を、その溶媒に対する溶質の**溶解度**といい、溶解度まで溶質を溶かした溶液を**飽和溶液**という（**図6・4**）。飽和溶液では、単位時間に結晶から離れて水和イオンとなって溶解していく粒子数と溶液中から析出する粒子数が等しく、見かけ上、溶解が停止している。

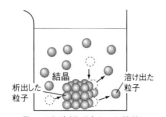

見かけ上溶解が止まった状態

溶け出す粒子数
＝ 析出する粒子数

図6・4　飽和溶液

6・2・2 固体の溶解度

　固体の溶解度は、溶媒 100 g に溶ける溶質の質量 (g) の数値で表したり、飽和溶液の濃度 (モル濃度) で表したりする。固体の溶解度を溶媒 100 g に溶けることができる溶質の最大の質量 (g) とすれば、以下の関係式が成り立つ。

$$\frac{溶質の質量}{飽和溶液の質量} = \frac{溶解度}{100 + 溶解度}$$

　温度と溶解度の関係を表す曲線を**溶解度曲線**[*1]という。多くの固体の溶解度は、温度が高くなるほど大きくなる。しかし、塩化ナトリウム NaCl のように温度を高くしても溶解度がほとんど変わらないものや、水酸化カルシウム $Ca(OH)_2$ のように、温度が高くなるほど溶解度が小さくなる物質もある。この温度による溶解度の差を利用した**再結晶**[*2]により、固体物質の精製を行うことができる。

6・2・3 気体の溶解度

　気体の溶解度は、1.013×10^5 Pa の気体が溶媒 1 L に溶けるときの体積 (L) または物質量 (mol) を、標準状態 (0 ℃、1.013×10^5 Pa) の体積 (L) または物質量 (mol) に換算した値で表す (**表6・1**)。気体の水への溶解度は、一般に一定の圧力のもとでは、温度が低いほど大きく、温度が高くなると小さくなる[*3]。

表6・1　水 1 L に対する気体の溶解度[*4]

温度 (℃)	H₂	N₂	O₂	CO₂	CH₄
0	0.021	0.023	0.049	1.72	0.056
20	0.018	0.015	0.031	0.87	0.033
40	0.016	0.012	0.023	0.53	0.024
60	0.016	0.010	0.020	0.37	0.020
80	0.016	0.0096	0.018	0.28	0.018

　溶解度の小さい気体では、気体の圧力と溶解に次の関係がある。「気体の水への溶解度は、温度が変わらなければ、水に接しているその気体の圧力 (分圧) に比例する。」これは、ヘンリーが 1803 年に発見した事実で、**ヘンリーの法則**[*5]と呼ばれる (**図6・5**)。

6・3　蒸気圧と浸透圧

6・3・1　蒸気圧

　真空にした密閉容器に水を入れて、一定温度で放置しておくと、水の

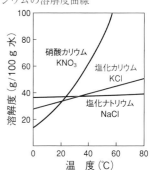

[*1]　塩化カリウム、塩化ナトリウム、硝酸カリウム、水酸化カルシウムの溶解度曲線

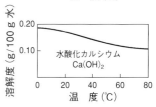

[*2]　結晶を一度溶解させたのち、再び結晶として析出させる操作。

[*3]　温度が高くなると、気体分子の熱運動が激しくなって、液体分子との分子間力を振り切って、溶液から飛び出す。

[*4]　圧力 1.013×10^5 Pa のとき、溶媒 1 L に溶ける気体の体積 (L) を標準状態に換算した数値。

[*5]

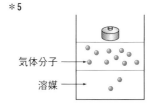

図6・5　ヘンリーの法則

一部は蒸発して水蒸気となるとともに、その水蒸気の一部は、凝縮して水にもどる。やがて単位時間に蒸発して気体になる分子の数と、逆に蒸気から凝縮して液体になる分子の数が等しくなって、実際に変化が起きているにもかかわらず、見かけ上蒸発が起こっていない**平衡状態**になる。気体と液体の平衡状態を気液平衡（蒸発平衡）といい、蒸発も凝縮も起こらなくなったように見える状態を**飽和状態**という（**図6・6**）。気液平衡のとき気体（蒸気）が示す圧力を、**飽和蒸気圧**、または**蒸気圧**という。

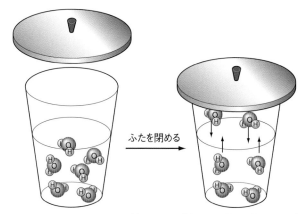

液面から飛び出す分子数 ＝ 液面に飛び込む分子数
見かけ上，蒸発も凝縮も起こっていない状態

図6・6　気液平衡（蒸発平衡）

　蒸気圧は温度が一定であれば、容器の体積に関係なく、一定の値を示す。つまり、純粋な液体の蒸気圧は、それぞれの物質について一定の温度ごとに決まっている。分子間に働く力が弱い物質ほど、一定温度における蒸気圧は大きい。

　一般に温度が高いほど、液体分子の熱運動が激しくなって、蒸発する分子の割合が増すために、蒸気圧は高くなる。蒸気圧と温度の関係を示すグラフを蒸気圧曲線（p.43の図5・12参照）という。同じ物質では、外圧が低くなると沸点は低くなり、外圧が高くなると沸点は高くなる。よって、高い山の上では沸点は低い[6]のである。

*6　水の沸点は、エベレスト（8848 m）71 ℃、富士山（3776 m）87 ℃である。

6・3・2　蒸気圧降下

　純粋な液体に不揮発性の物質を溶かして溶液にすると、液体全体の粒子の数に対する溶媒分子の割合が減るため、液体表面から蒸発する溶媒分子の数が、同じ温度の純粋な液体のときよりも少なくなる。したがって、溶液の蒸気圧は純粋な溶媒の蒸気圧よりも低くなる。これを溶液の**蒸気圧降下**という（**図6・7**）。蒸気圧降下の度合いは、溶液中に溶けてい

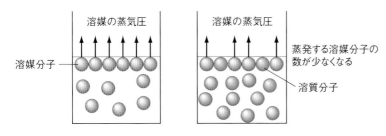

図 6・7　蒸気圧降下

る溶質の分子やイオンの質量モル濃度に比例する。

6・3・3　沸点上昇と凝固点降下

溶液の蒸気圧は純粋な溶媒の蒸気圧より低いので、溶液の蒸気圧が 1.013×10^5 Pa になる温度は、純粋な溶媒の沸点よりも高くなる。このように溶液の沸点が純粋な溶媒よりも高くなる現象を**沸点上昇**といい、溶液の沸点と純粋な溶媒の沸点の差を沸点上昇度 Δt_b という。純溶媒の沸点を t_b（℃）とすると、溶液の沸点は $(t_b + \Delta t_b)$（℃）で表せる。濃度 1 mol/kg の溶液の沸点上昇度を**モル沸点上昇** K_b という。

不揮発性の非電解質を溶かした質量モル濃度 m（mol/kg）の希薄溶液の沸点上昇度 Δt_b は、次の式で表される。

$$\Delta t_b = K_b m$$

純粋な水は 0 ℃で凝固して氷になるが、海水のような溶液の凝固点は、0 ℃よりも低くなる。この現象を**凝固点降下**[*7]といい、溶液の凝固点と純粋な溶媒の凝固点の差を凝固点降下度 Δt_f という。純溶媒の凝固点を t_f（℃）とすると、溶液の凝固点は $(t_f - \Delta t_f)$（℃）で表せる。濃度 1 mol/kg の溶液の凝固点降下度を**モル凝固点降下** K_f という。

不揮発性の非電解質を溶かした質量モル濃度 m（mol/kg）の希薄溶液の凝固点降下度 Δt_f は、次の式で表される。

$$\Delta t_f = K_f m$$

モル沸点上昇とモル凝固点降下は、各溶媒に固有の値である（**表 6・2**）。

希薄溶液の凝固点降下や沸点上昇の大きさは、溶質の種類に無関係で、一定量の溶媒中の溶質の分子数に比例する。

*7　凝固点降下を利用したものとしては、車のラジエーターに使用する不凍液（エチレングリコールの水溶液）や、凍結した道路に撒く融雪剤（塩化カルシウム）などがある。ともに、0 ℃になっても凝固しないので、寒冷地で使用されている。

表 6・2　モル沸点上昇とモル凝固点降下（K・kg/mol）

溶媒	沸点（℃）	モル沸点上昇 K_b	融点（℃）	モル凝固点降下 K_f
水	100	0.52	0	1.85
ベンゼン	80.1	2.53	5.53	5.12

6・3・4　浸透圧

　濃い溶液と薄い溶液が接していると、溶質は濃い溶液から薄い溶液の方へ拡散し、やがて全体が均一な溶液になる。ところが、濃度が異なる二つの溶液の境界に、溶媒分子は通すが溶質粒子は通さない性質の膜（**半透膜**）をおくと、溶媒分子がこの膜を通って薄い溶液から濃い溶液の方へと移動する。このように溶媒が膜を通って移動する現象を**浸透**という。このとき、浸透してくる溶媒の圧力を**浸透圧**[*8] という（**図 6・8**）。U 字管を半透膜で仕切って、溶液と純粋な水を入れた場合では、液面を押し上げる圧力が浸透圧である。半透膜としては、セロハンや動物の膀胱膜、腸壁膜、血球膜、血管壁などがあるが、半透膜の種類によって、通過できる溶質粒子は異なる。例えば、血球の外層は水を通すが K^+ や Na^+ をほとんど通さない。また、毛細血管壁は水のほかにブドウ糖、イオン、尿素は通すが、アルブミン、グロブリンなどのタンパク質分子は通しにくい。

*8　アルブミン、グロブリンなどのタンパク質による血液の浸透圧（25 〜 30 mmHg）は、膠質浸透圧と呼ばれる。mmHg（ミリメートル水銀柱）は圧力の単位である。

　　1 atm = 760 mmHg
　　　　 = 1.013 × 10^5 Pa

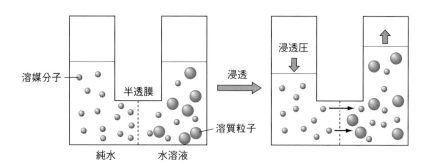

図 6・8　浸透圧

溶媒分子　半透膜　溶質粒子　浸透　浸透圧

純水　水溶液

　電解質の希薄溶液において、浸透圧の大きさは、溶質の種類によらず、溶質の全濃度、すなわち存在する粒子やイオンの数に依存する。溶質の濃度と浸透圧の関係は、次の**ファントホッフの式**で表される。

$$\Pi = CRT$$

　Π（atm または Pa）は浸透圧、C は溶質のモル濃度（mol/L）、R は気体定数（0.082 atm・L/(K・mol) または 8.31 × 10^3 Pa・L/(K・mol)）、T（K）は熱力学温度である。溶液の体積を V（L）、溶質の物質量を n（mol）とすると、$C = n/V$ から、上式は気体の状態方程式（5・3・3 項）と同じ形で表される。

$$\Pi V = nRT$$

　また、溶質が電解質であるときは、溶質が電離するため、電離による溶質粒子の数も考慮に入れなければならない。溶質が電解質であるときの浸透圧の公式としては、**ファントホッフ係数** i を用いて次式のように

表される。i は電離により溶質粒子が何倍に増えたかを示す。

$$\Pi V = inRT$$

例えば、NaCl 0.1 mol は完全に電離すると、Na^+ と Cl^- がそれぞれ 0.1 mol ずつできるので、溶液に溶けている粒子の物質量は 2 倍の 0.2 mol になるので、NaCl の場合はファントホッフ係数 $i = 2$ である。

6・3・5　等張液、低張液、高張液

ヒトの赤血球を蒸留水中に入れると、細胞は吸水して体積を増やし、やがて破れて溶血を起こす。これに対して、細胞の内部より濃い溶液に浸すと、水は細胞から外液へと移動して細胞の体積は小さくなる（**図6・9**）。生体内では、細胞の含水量が、それと接する血液や体液によって一定に保たれている。したがって、体外に取り出した細胞が正常な機能を維持するためには、体液と浸透圧の等しい液、すなわち**等張液**に浸さなければならない。体液より浸透圧が低い液を**低張液**、高い液を**高張液**という。ヒトの涙液や血清は 0.9 w/v% の塩化ナトリウム水溶液と等しい浸透圧を示す。等張液としては、生理食塩水（0.9 w/v% 塩化ナトリウム水溶液）やリンゲル液[*9]が代表例である。生理食塩水の塩化ナトリウムの濃度は動物の種類によって異なる。眼の涙液は 0.6〜1.5 w/v% の塩化ナトリウム水溶液の浸透圧に耐えるので、点眼液を無理に等張にする必要はないが、注射液は点眼液と異なり厳密に等張にする必要がある[*10]。

[*9]　リンガー液とも呼ばれ、イギリスの生理学者リンガーが創製した生理的塩類溶液のことである。日本薬局方収載の臨床用リンゲル液は、NaCl 8.6 g、KCl 0.3 g、$CaCl_2 \cdot 2H_2O$ 0.33 g を注射用蒸留水に溶解して全量を 1 L にしたものであり、電解質補液として治療に用いられている。

[*10]　注射液、点眼液、点鼻液が等張液ではなく、高張液や低張液の場合、痛みや刺激を与えることになる。

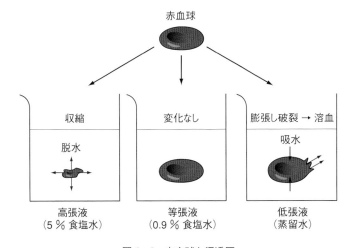

図6・9　赤血球と浸透圧

コロイド

6・4・1　コロイド粒子

コロイドとは、ある物質がほかの物質の中に均一に分散した状態である。コロイド粒子を含む溶液をコロイド溶液、または**ゾル**という。コロイド溶液の中には、加熱したり、あるいは冷却したりすると、流動性を失って全体が固まるものがある。この状態を**ゲル**という。また、ゲルを乾燥させたものを**キセロゲル**という。キセロゲルであるゼラチンや寒天は水と混ぜ加熱することによりコロイド溶液（ゾル）となり、冷やすと固まってゲル[*11]となる。

コロイド粒子は直径が 10^{-9} m（1 nm）から 10^{-7} m（10^2 nm）程度で、普通のろ紙の目よりも小さいので、ろ紙を通り抜けてしまうが半透膜は通過できない（**図6・10**）。

*11　歯科で使用される寒天印象材やアルジネート印象材は、このゲル化を応用したものである。また、豆腐は豆乳（タンパク質がコロイド粒子となったゾル）ににがりを加えてゲル化したものである。

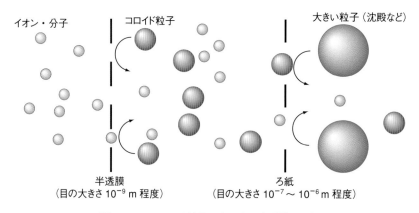

イオン・分子　　コロイド粒子　　大きい粒子（沈殿など）

半透膜
（目の大きさ 10^{-9} m 程度）

ろ紙
（目の大きさ 10^{-7} ～ 10^{-6} m 程度）

図6・10　コロイド粒子の大きさと半透膜とろ紙

6・4・2　コロイドの分類

牛乳はコロイドで、脂肪やタンパク質などが水に分散している。コロイドの中に分散している粒子を**コロイド粒子**、粒子として分散している物質を**分散質**、粒子を分散させる物質を**分散媒**という。分散質と分散媒を合わせて分散系という（**表6・3**）。

コロイドをコロイド粒子の構造から分類すると、デンプン、タンパク質、膠 のように、分子量が大きく（高分子）、1分子でコロイド粒子の大きさを持つ粒子からなる**分子コロイド**、石けんなどの界面活性剤のように小さな分子が多数集まってコロイド粒子の大きさになった集合体（ミセル）からなる**ミセルコロイド**、硫黄や金など水に不溶の物質がコロイド粒子の大きさになって水に分散した**分散コロイド**などがある。

表6・3 コロイド分散系の分類と例

分散媒	分散質	例
気体	液体	霧、雲、もやなどのエーロゾル
	固体	煙、空気中のほこり、塵
液体	気体	気泡、石けんの泡 (水中に空気)
	液体	牛乳 (水中にタンパク質、脂肪)、マヨネーズ (水中に油) などの乳濁液
	固体	泥水、絵の具、墨汁などの懸濁液
固体	気体	スポンジ、マシュマロ、軽石、木炭、活性炭、発泡スチロール
	液体	ゼリー、ゼラチン
	固体	ビー玉、色ガラス、ルビー

6・4・3 コロイド溶液の性質

コロイド溶液の性質として、チンダル現象、ブラウン運動、透析、電気泳動、凝析などがある。

強い光線を当てると光の通路が見える。これは、コロイド粒子によって光が散乱されるためで、**チンダル現象**という (**図6・11左**)。コロイド溶液を限外顕微鏡[*12] で観察すると、コロイド粒子が不規則に動いているのが見える。これを**ブラウン運動**といい、熱運動をしている水などの分散媒分子が、コロイド粒子に不規則に衝突するために起こる (**図6・11右**)。

*12 限外顕微鏡とは、通常の光学顕微鏡で見ることのできない微粒子に、特殊な照明装置による光を当て、その散乱光によって微粒子の存在や運動状態を知ることができる顕微鏡のことである。

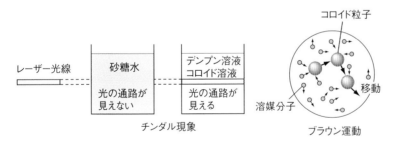

図6・11 チンダル現象とブラウン運動

コロイド粒子は半透膜を通過しないので、コロイド溶液をセロハンなどの半透膜に入れて、純水の中に放置すると、コロイド溶液中の分子やイオンが浸透圧によって純水の方へ移動し、コロイド粒子は袋の中に残るので、コロイド溶液を精製することができる。この操作を**透析**といい (**図6・12**)、腎不全患者の血液中の老廃物を除去するために行う血液の人工透析などに利用される (本章コラム参照)。

コロイド粒子は正 (＋) または負 (－) に帯電しているので、コロイド

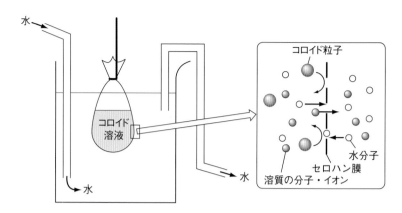

図 6・12　透析

Column　血液透析（人工透析）

　腎臓は尿の分泌（体の中で不要になった老廃物、水分の排泄）、ホルモンや酵素の分泌、血圧の調節、造血促進、ビタミン D の活性化などの機能を持っている。血液透析（人工透析）とは、腎臓が充分に機能しなくなったときに、透析膜を利用して、血液中の老廃物や余分な水分を人工的に除去し、その機能を代用させる治療法をいう。血液透析は、患者の血液をチューブでダイアライザーと呼ばれる半透膜と透析液などからなる透析装置に送り、血液から透析によって老廃物や余分な水を取り除き、再びチューブを用いて患者の体に戻す方法である。このとき、血液透析に用いられる透析膜は、水、電解質、老廃物、分子量の小さいタンパク質を通すが、赤血球、白血球、血小板や分子量の大きいタンパク質を通さないので、老廃物や余分な水や電解質を除去することができ、血液を浄化できる（**図**）。

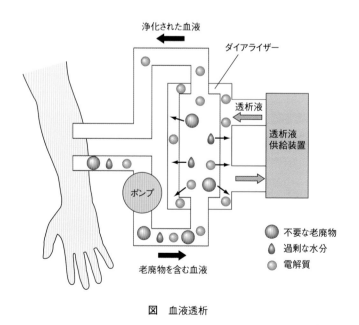

図　血液透析

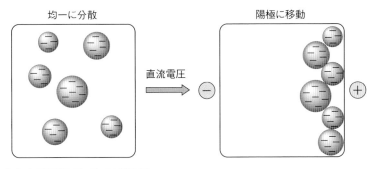

均一に分散　　　　　　　　陽極に移動

直流電圧

負（－）に帯電しているコロイド粒子

図 6・13　電気泳動

溶液に電極を浸して直流電圧をかけると、正（＋）に帯電しているコロイド粒子は陰極へ、負（－）に帯電しているコロイド粒子は陽極へ移動する。この現象を**電気泳動**[13]という（**図 6・13**）。

　コロイド溶液のコロイド粒子は正もしくは負の、同一の電荷を帯びており、コロイド粒子は互いに電気的に反発するため、集まりにくく、沈殿しないでコロイド状態を保つ。ところが、コロイド溶液に少量の電解質を加えると、コロイド粒子は帯びている電荷と反対符号のイオンに強く引きよせられる。その結果、コロイド粒子は静電的な反発力を失い互いに集合して大きな粒子となって沈殿する。この現象を**凝析**[14]という。

6・4・4　疎水コロイド、親水コロイド、保護コロイド

　電解質溶液を少量加えたとき、凝析を起こしやすいコロイドを**疎水コロイド**という。これに対して、ゼラチンのコロイド溶液のように、少量の電解質を加えても凝析しないコロイドを**親水コロイド**という。しかし、塩化ナトリウム NaCl などの無機塩を多量に加えると、水和している H_2O 分子が奪われて親水コロイドの粒子も沈殿する。このように、多量の電解質を加えたときにコロイド粒子が分離する現象を**塩析**という。血清に硫酸アルミニウムを加えてタンパク質を分離する操作には塩析の原理が利用されている。疎水コロイドの溶液に親水コロイドの溶液を加えると、疎水コロイドの粒子が親水コロイドの粒子によって囲まれて、凝析しにくくなる。このような作用を持つ親水コロイドを、**保護コロイド**[15]という。

[13]　電気泳動はタンパク質の分析や DNA の塩基配列の決定に用いられている。例えば、DNA は負に帯電しているので、電圧をかけると陽極へ向かって移動していく。つまり分子の大きさによって移動速度が異なるので、分子量ごとに DNA を分離することができる。

[14]　凝析は河川水の浄化などに利用されている。

[15]　墨汁は炭素のコロイド溶液に保護コロイドとして膠を加えている。ポスターカラーには保護コロイドにアラビアゴムなどが添加されている。

演習問題

次の各設問に答えよ。ただし、原子量は H = 1、C = 12、O = 16、Na = 23、Cl = 35.5、0 ℃ = 273 K、気体定数 $R = 8.31 \times 10^3$ Pa・L/(K・mol) とする。

6.1 食塩とグルコースは、どのように水に溶解して溶液になるか説明せよ。

6.2 塩化カリウムは水 100 g に 30 ℃では 37.2 g、10 ℃では 31.2 g 溶ける。塩化カリウムの 30 ℃における飽和溶液 100 g を 10 ℃に冷やすと何 g の結晶が析出するか。有効数字 3 桁の数値で答えよ。

6.3 20 ℃で 1.0×10^5 Pa の二酸化炭素が水 1.0 L に接している。このとき、水 1.0 L に溶けている二酸化炭素の質量を求めよ。また、水に接する二酸化炭素の圧力を 20 ℃で 2.0×10^5 Pa にすると、水 1.0 L に溶ける二酸化炭素の質量はいくらか。表 6・1 を参照し、それぞれ有効数字 2 桁の数値で答えよ。

6.4 非電解質 10 g を水 100 g に溶かした溶液は −4.65 ℃で凍る。この溶質の分子量を有効数字 2 桁の数値で答えよ。ただし、水のモル凝固点降下 K_f は 1.85 K・kg/mol とする。

6.5 200 g の水に 60.0 g のショ糖（分子量:342）が溶けている溶液の沸点はいくらか。小数第二位の数値で答えよ。ただし、水のモル沸点上昇 K_b は 0.52 K・kg/mol とする。

6.6 ヒトの正常の血液の浸透圧は 37 ℃において 7.75×10^5 Pa であった。この浸透圧と等しい 1 L のグルコース $C_6H_{12}O_6$ 水溶液を調製するには何 g のグルコースが必要か。また、同じ浸透圧の食塩水を作るには何 g の塩化ナトリウム NaCl が必要か。それぞれ有効数字 3 桁の数値で答えよ。ただし、塩化ナトリウムの電離度を 1 とする。

6.7 次の各水溶液の 37 ℃における浸透圧 (Pa) を有効数字 2 桁の数値で求めよ。ただし、塩化ナトリウム NaCl の式量は 58.5、ブドウ糖の分子量は 180 とし、NaCl は水溶液中で完全に電離しているものとする。

 (1) 生理食塩液（0.90 w/v% 塩化ナトリウム水溶液）

 (2) ブドウ糖注射液（5.0 w/v%）（5.0 w/v% ブドウ糖水溶液）

6.8 赤血球を次の 3 種類の水溶液に入れるとどうなるか。

 (a) 蒸留水 (b) 0.9 % 食塩水 (c) 5 % 食塩水

6.9 次の [A] ～ [J] の空欄に適切な語句を記せ。

 物質が微細な粒子となって、液体や気体などに混合分散している状態を [　A　] 状態という。直径 1 ～ 100 nm（10^{-9} ～ 10^{-7} m）程度の大きさの粒子を [　A　] 粒子という。[　A　] 粒子は普通の分子やイオンに比べてはるかに大きいが、顕微鏡で見えないくらい小さいという特殊な状態にあるため、[　B　] 現象や [　C　] 運動などの性質を示す。小さな分子やイオンなどの不純物を含む [　A　] 溶液をセロハンなどの半透膜に包み、純水に浸すことによって、[　A　] を精製する操作を [　D　] という。U字管に [　A　] 溶液を入れ、その両端に電極を浸して直流電流をかけて、しばらく放置すると、[　A　] 粒子が一方の極に移動する。この現象を [　E　] という。疎水 [　A　] に少量の電解質を加えるとき、コロイド粒子が沈殿する現象を [　F　] といい、親水 [　A　] に、多量の電解質を加えると沈殿する現象を [　G　] という。寒天のように流動性を持つ [　A　] 溶液を [　H　] といい、[　A　] 粒子が流動性を失って固まったものを [　I　] という。[　I　] を乾燥させたものを [　J　] という。

6.10 次の語句を説明せよ。

 (a) 親水コロイド (b) 疎水コロイド (c) 保護コロイド

第7章 酸・塩基 と 酸化・還元

　生体内では、栄養素の代謝に伴い酸が生成されるが、体細胞の生命活動を正常に営むために、緩衝作用によって、pH が一定になるように保たれている。栄養素の代謝では、酸化還元などの反応によって、二酸化炭素と水、ピルビン酸や乳酸、アセト酢酸や β-ヒドロキシ酪酸、硫酸やリン酸などの酸が生成する。このように生体において、酸と塩基、酸化と還元は重要な概念の一つである。本章では、酸と塩基、水溶液の pH、酸化と還元、酸化還元反応などについて学ぶ。

7・1　酸・塩基

　酸性雨[*1]、酸性食品やアルカリ性食品[*2] など、テレビや新聞などで聞いたことはないだろうか。塩酸 HCl や酢酸 CH_3COOH は酸であり、水酸化ナトリウム NaOH や石けんは塩基である。食酢は酸味を持ち、青色リトマス紙を赤色に変える。このような性質を**酸性**といい、酸性を示す物質を**酸**という。これに対して、水酸化ナトリウムの水溶液や石けん水は赤色リトマス紙を青色に変え、酸の水溶液の酸性を打ち消す。このような性質を**塩基性（アルカリ性）**[*3] といい、塩基性を示す物質を**塩基（アルカリ）**という。また、酸性でも塩基性でもない状態を**中性**という。

7・1・1　酸と塩基の定義

　酸が酸性を示すのは、水に溶けると電離して水素イオン H^+ を生じるためであり、塩基が塩基性を示すのは、水に溶けると電離して水酸化物イオン OH^- を生じるためである。

　このように酸と塩基を H^+ と OH^- で定義したのがアレニウスの定義である。

　「酸とは水溶液中で水素イオン H^+ を放出する物質であり、塩基とは水溶液中で水酸化物イオン OH^- を放出する物質である。」

$$\underset{酸}{HCl} + H_2O \longrightarrow H_3O^+ + Cl^-$$

　さらに、ブレンステッドとローリーはアレニウスの定義を拡張し、「酸とは H^+ を放出する物質であり、塩基とは H^+ を受け取る物質である」と定義している。この定義はアンモニア NH_3 のように OH^- を持たないものや、水溶液以外の酸・塩基の定義にも適用され、大変便利である。

*1　大気汚染により降る pH 5.6 以下の雨のことである。

*2　酸性食品、アルカリ性食品は、食品を燃焼した後に残る残渣の性質で決めるものである。果実、野菜、牛乳、大豆、芋類は、ナトリウム、カリウム、マグネシウム、カルシウムなどを多く含むアルカリ性食品であり、穀類、肉、卵、バター、チーズは、硫黄、リン、塩素などを含む酸性食品である。つまり、酸性食品のリンや硫黄は体内で酸化され、リン酸イオンや硫酸イオンを生じるので、これらを含む水溶液は酸性を示す。

*3　塩基として働く性質を塩基性といい、塩基の水溶液が示す性質をアルカリ性という。塩基性とアルカリ性はほぼ同義であるが、塩基性の方が、一般的によく使われる。

$$NH_3 + H_2O \longrightarrow NH_4^+ + OH^-$$
　　塩基　　酸

7・1・2　酸・塩基の価数と強弱

　酸1分子の中で、H^+ となってほかの物質に与えることができる H の数を、その**酸の価数**、塩基1分子の中で、OH^- となってほかの物質に与えることができる OH の数（または、塩基1分子が受け取ることのできる H^+ の数）を、その**塩基の価数**という。

　塩酸は強酸であり、酢酸は弱酸である。また、水酸化ナトリウムは強塩基であり、アンモニアは弱塩基である。この酸と塩基の強弱は、それらの物質の水素イオンや水酸化物イオンを放出する能力によって決まる。水素イオンや水酸化物イオンを放出する能力を数字で表したものが**電離度 α** である。電離度は酸や塩基のような電解質の水溶液で、溶けている電解質全体の物質量に対して、電離している電解質の物質量の割合をいう。

$$電離度\ \alpha = \frac{電離している電解質の物質量}{溶けている電解質の物質量}$$

　電離度が1に近い酸や塩基、つまり、水溶液中でほとんど全て電離して陽イオンと陰イオンになっている酸や塩基を**強酸、強塩基**といい、電離度が小さく、ごく一部しか電離していない酸や塩基を**弱酸、弱塩基**という（**表7・1；図7・1**）。

表7・1　価数による酸・塩基の分類[*4]と強弱

	酸 (赤字：強酸、黒字：弱酸)	塩基 (赤字：強塩基、黒字：弱塩基)
一価	塩化水素 HCl、硝酸 HNO_3、酢酸 CH_3COOH	水酸化ナトリウム NaOH、水酸化カリウム KOH、アンモニア NH_3
二価	硫酸 H_2SO_4、硫化水素 H_2S、シュウ酸 $H_2C_2O_4$	水酸化カルシウム $Ca(OH)_2$、水酸化バリウム $Ba(OH)_2$、水酸化銅(Ⅱ) $Cu(OH)_2$
三価	リン酸 H_3PO_4	水酸化鉄(Ⅲ) $Fe(OH)_3$

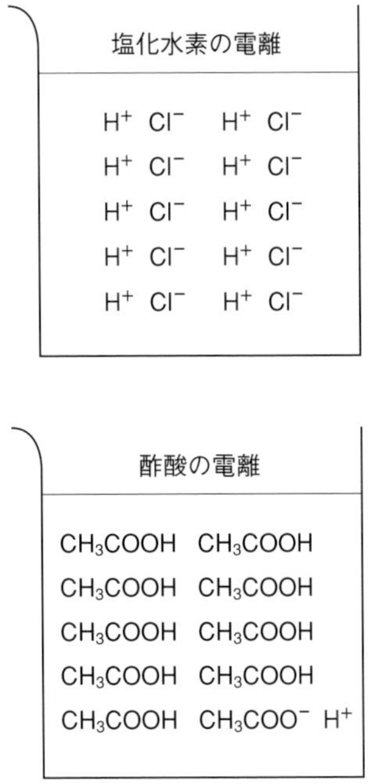

7・1・3　中和と塩

　酸に塩基を加えると、酸が出す H^+ と塩基が出す OH^- が反応して水 H_2O ができ、酸の性質と塩基の性質が打ち消される。このように、酸と塩基がその性質を互いに打ち消し合う反応を**中和**という。塩化水素と水酸化ナトリウムが完全に中和したときの化学反応式は次のように書くことができる。

$$HCl + NaOH \longrightarrow NaCl + H_2O$$

つまり、HCl の H^+ と NaOH の OH^- が結び付いて水 H_2O ができ、

*4　電離によって1個の H^+ を出すものを一価の酸（一塩基酸）、2個出すものを二価の酸（二塩基酸）、3個出すものを三価の酸（三塩基酸）という。また、1個の OH^- を出すものを一価の塩基（一酸塩基）、2個出すものを二価の塩基（二酸塩基）、3個出すものを三価の塩基（三酸塩基）という。

塩化水素の電離

H^+ Cl^-	H^+ Cl^-
H^+ Cl^-	H^+ Cl^-
H^+ Cl^-	H^+ Cl^-
H^+ Cl^-	H^+ Cl^-
H^+ Cl^-	H^+ Cl^-

酢酸の電離

CH_3COOH	CH_3COOH
CH_3COOH	CH_3COOH
CH_3COOH	CH_3COOH
CH_3COOH	CH_3COOH
CH_3COOH	CH_3COO^- H^+

図7・1　塩化水素（強酸）と酢酸（弱酸）の電離

Na$^+$ と Cl$^-$ が結び付いて塩化ナトリウム NaCl という塩（えん）ができる。

　中和を利用して、濃度のわからない酸または塩基の水溶液の濃度を、滴定によって求める操作を**中和滴定**という。酸の出す H$^+$ の物質量と塩基の出す OH$^-$ の物質量が等しいとき、酸と塩基は過不足なく中和する。つまり、中和の量的関係は以下に示す関係式で表せる。

$$acv = bc'v'$$

a：酸の価数, c：酸の濃度 (mol/L), v：酸の体積 (mL または L)
b：塩基の価数, c'：塩基の濃度 (mol/L), v'：塩基の体積 (mL または L)

　酸から生じる陰イオンと塩基から生じる陽イオンが結合した形の物質を、**塩**という。塩は**正塩**（酸の H も塩基の OH も残っていない塩）・**酸性塩**（酸の H が残っている塩）・**塩基性塩**（塩基の OH が残っている塩）のようにその組成により分類されるが、水溶液の性質（酸性、塩基性）とは無関係である。強酸と強塩基による正塩を含む水溶液は中性、弱酸と強塩基による正塩を含む水溶液は塩基性、強酸と弱塩基による正塩を含む水溶液は酸性を示す（**表7・2**）。

表7・2　塩の水溶液の性質

酸	塩基	塩の水溶液の性質	塩の例
強酸	強塩基	中性	NaCl、KNO$_3$、CaSO$_4$、BaSO$_4$ など
強酸	弱塩基	酸性	NH$_4$Cl、CuSO$_4$、FeCl$_3$ など
弱酸	強塩基	塩基性	CH$_3$COONa など

7・2 水溶液の pH

7・2・1 pH と酸性、中性、塩基性

　水溶液の酸性の強さや塩基性の強さを表すには、**水素イオン指数 pH**[5] という数値が用いられる。pH の p は $-\log_{10}$ の省略であり、水素イオン濃度 [H$^+$] (mol/L) を用いると、pH は以下の関係式で表される[6]。

$$pH = -\log_{10}[H^+]$$
$$[H^+] = 10^{-pH}$$

水はごくわずかに電離し、次の電離平衡が成り立っている。

$$H_2O \rightleftharpoons H^+ + OH^-$$

　純粋な水の水素イオン濃度 [H$^+$] (mol/L) と水酸化物イオン濃度 [OH$^-$] (mol/L) は、25 ℃ではいずれも 1.0×10^{-7} mol/L である。水や水溶液中の水素イオン濃度 [H$^+$] と水酸化物イオン濃度 [OH$^-$] の積を**水のイオン積** K_w[7] といい、水のイオン積は、温度が一定ならば常に一定の値を示す。

*5　ピーエイチ。かつてはペーハーと呼ばれていた。

*6　水素イオン H$^+$ は、水溶液中で水分子と配位結合してヒドロニウムイオン H$_3$O$^+$ として存在する。R$_3$O$^+$ のように、酸素に3個の原子もしくは原子団（置換基）と結合したものをオキソニウムイオンというが、その中で最も単純なものがヒドロニウムイオン H$_3$O$^+$ である。

*7　水のイオン積 K_w は温度によって異なる。
$K_w = 0.68 \times 10^{-14}$ (20 ℃),
　　　1.01×10^{-14} (25 ℃),
　　　1.47×10^{-14} (30 ℃)

$$K_w = [\text{H}^+] \times [\text{OH}^-] = 1.0 \times 10^{-7} \times 1.0 \times 10^{-7} = 1.0 \times 10^{-14}\,\text{mol}^2/\text{L}^2$$

$$\text{pH} + \text{pOH}^{*8} = 14$$

*8　水酸化物イオン指数 pOH
（ピーオーエッチ）
$$\text{pOH} = -\log_{10}[\text{OH}^-]$$

　つまり、中性の水溶液では、水素イオン濃度は $1.0 \times 10^{-7}\,\text{mol/L}$ であることから、その pH は 7 である。水溶液が酸性のときは pH＜7 で、酸性が強い水溶液ほど pH は小さく、塩基性のときは pH＞7 で、塩基性が強い水溶液ほど pH は大きい（**表7・3**）。

表7・3　pH と酸性、中性、塩基性の関係

酸性	$[\text{H}^+] > 1.0 \times 10^{-7}\,\text{mol/L} > [\text{OH}^-]$	pH＜7
中性	$[\text{H}^+] = 1.0 \times 10^{-7}\,\text{mol/L} = [\text{OH}^-]$	pH＝7
塩基性	$[\text{H}^+] < 1.0 \times 10^{-7}\,\text{mol/L} < [\text{OH}^-]$	pH＞7

　身の回りの物質の pH を**表7・4**に示した。私たちの身の回りにはいろいろな pH の溶液がある。

表7・4　身の回りの物質の pH

酸性の溶液	pH	中性の溶液	pH	塩基性の溶液	pH
0.1 M 塩酸	1	純水	7.0	血液	7.4
胃液	1.2〜3.0	0.1 M NaCl 水溶液	7.0	膵液	7.1〜8.2
0.1 M 酢酸水溶液	3			涙	8.2
ワイン	3〜4			石けん水	9〜10
醤油	4〜5			0.1 M アンモニア水	11
牛乳	6.4〜6.8			0.1 M NaOH 水溶液	13

　水溶液の pH を pH メーターで測定すると、pH の値から酸性、中性、塩基性を調べることができ、さらに、pH の値を $[\text{H}^+] = 10^{-\text{pH}}$ の式に代入することにより、水素イオン濃度 $[\text{H}^+]$（mol/L）を求めることができる。

7・2・2　いろいろな濃度の水溶液の pH 計算

　a 価の酸の濃度 c mol/L、電離度 α の水溶液の pH は次の式で求めることができる。

$$\text{pH} = -\log[\text{H}^+] = -\log(a \times \alpha \times c)$$

　b 価の塩基の濃度 c mol/L、電離度 α の水溶液の pOH と pH は次の式で求めることができる。

$$\text{pOH} = -\log[\text{OH}^-] = -\log(b \times \alpha \times c)$$

$$\text{pH} = 14 - \text{pOH}$$

7・2・3 電離平衡

電解質分子の一部が電離して平衡状態になることを**電離平衡**という。酢酸を水に溶かすと、次の平衡状態になる。

$$CH_3COOH \rightleftarrows CH_3COO^- + H^+$$

いま、酢酸の濃度を $[CH_3COOH]$（mol/L）、水素イオンの濃度 $[H^+]$（mol/L）とすると、電離度 α、電離定数 K_a [*9] は以下のように表される。

*9 酸の電離定数 K_a を酸解離定数ともいう。これに対して、塩基の電離定数 K_b を塩基解離定数ともいう。

$$電離度\ \alpha = \frac{[H^+]}{[CH_3COOH]}$$

$$電離定数\ K_a = \frac{[H^+][CH_3COO^-]}{[CH_3COOH]} = \frac{[H^+]^2}{[CH_3COOH]} \leftarrow [H^+] = [CH_3COO^-]^{[*10]}$$

*10 酢酸 CH_3COOH から電離して生じる水素イオン H^+ と酢酸イオン CH_3COO^- の濃度は等しい。

例）0.100 mol/L 酢酸水溶液の pH が 2.87 であった場合、次のようにして水素イオン濃度 $[H^+]$（mol/L）、電離度 α、電離定数 K_a を求めることができる。

$$水素イオン濃度\ [H^+] = 10^{-pH} = 10^{-2.87} = 1.35 \times 10^{-3}$$

$$電離度\ \alpha = \frac{10^{-pH}}{[CH_3COOH]} = \frac{1.35 \times 10^{-3}}{0.100} = 1.35 \times 10^{-2}$$

$$電離定数\ K_a = \frac{(10^{-pH})^2}{[CH_3COOH]} = \frac{(1.35 \times 10^{-3})^2}{0.100} = 1.82 \times 10^{-5}$$

7・2・4 緩衝液と緩衝作用

水に少量の酸や塩基の溶液を加えると、水溶液の pH の値は大きく変化する。しかし、血液や唾液には、少量の酸や塩基を加えても、水で薄めても pH の値が大きく変化せずに、pH の値をほぼ一定に保つ働きがある。このような働きを**緩衝作用**といい、緩衝作用のある水溶液を**緩衝液**または**緩衝溶液**[*11] という。

*11 弱酸とその塩、もしくは弱塩基とその塩を溶かした溶液が緩衝作用を示す。

緩衝作用について、酢酸-酢酸ナトリウム（CH_3COOH-CH_3COONa）緩衝液を例に説明する。酢酸ナトリウム CH_3COONa は塩なので溶液中で CH_3COO^- と Na^+ に完全に電離しているが、酢酸 CH_3COOH は弱酸なのであまり電離せず、ほとんどが CH_3COOH のままである。この溶液に酸を加えると、酸の H^+ は大量にある酢酸イオン CH_3COO^- と反応して CH_3COOH となる。一方、塩基を加えると OH^- は CH_3COOH と反応して水 H_2O と CH_3COO^- が生成する。すなわち、溶液の水素イオン濃度は変化しない。したがって、緩衝液に H^+ を加えようと、OH^- を加えようと、溶液の pH の値は大きく変化しない（**図 7・2**）。

7・2・5 ヘンダーソン-ハッセルバルヒの式

血液は、主に炭酸-炭酸水素塩系（H_2CO_3-$NaHCO_3$）、リン酸系

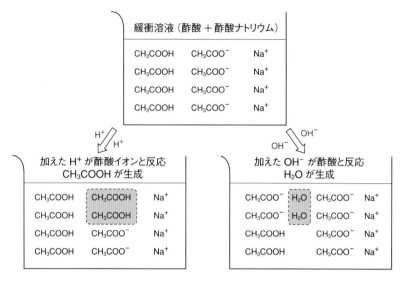

図7・2　酢酸-酢酸ナトリウム緩衝溶液のしくみ

（NaH$_2$PO$_4$–Na$_2$HPO$_4$）などの緩衝液である。これらの緩衝液の緩衝作用によって、生体の血液のpHの値は7.4になるように保たれている。この酸塩基平衡を酸性側、塩基性側にしようとする状態をそれぞれ**アシドーシス、アルカローシス**という。また、血液のpHの値が正常値よりも酸性側、塩基性側に傾いた状態をそれぞれ**アシデミア、アルカレミア**という。ともに全身の細胞にとっての環境の異常な状態である[*12]。

弱酸や緩衝液の性質は**ヘンダーソン-ハッセルバルヒの式**で表される。体内の組織呼吸により生成したCO$_2$は血液に溶解して炭酸H$_2$CO$_3$を生じ、炭酸H$_2$CO$_3$は次のように電離する。

$$CO_2 + H_2O \rightleftarrows H_2CO_3$$
$$H_2CO_3 \rightleftarrows H^+ + HCO_3^-$$

この電離定数K_aは次のように表される。

$$K_a = \frac{[H^+][HCO_3^-]}{[H_2CO_3]}$$

pH$= -\log[$H$^+]$の式から、次に表したヘンダーソン-ハッセルバルヒの式が導かれる。

$$pH = pK_a + \log_{10}\frac{[HCO_3^-]}{[H_2CO_3]}$$

37℃で炭酸の電離定数K_aは7.9×10^{-7} mol/Lであることから、p$K_a$$=6.1$となる[*13]。これを定式に代入すると次式が得られる。

$$pH = 6.1 + \log_{10}\frac{[HCO_3^-]}{[H_2CO_3]}$$

*12　これらのpHの値の異常は呼吸不全や腎不全など重篤な疾患の結果として生じるため、治療の指標になる。

*13　酸の電離指数（酸解離指数）pK_a ピーケーエー
p$K_a = -\log_{10}K_a$

正常な血液では、$[HCO_3^-] = 27 \, mmol/L$, $[H_2CO_3] = 1.35 \, mmol/L$ と一定に保たれているので、これらの値をヘンダーソン–ハッセルバルヒの式に代入すると、pH の値は 7.4 となる。

7・3　酸化・還元

7・3・1　酸化と還元

物質が酸素と化合したり、水素の化合物から水素が奪われたりするとき、その物質は**酸化**されたという。これに対して、物質が水素と化合したり、酸化物から酸素を奪い取ることを**還元**という。銅を空気中で熱すると、銅の表面は空気中の酸素と化合して黒色の酸化銅(II) CuO になる。つまり、銅が酸化されたのである。

$$2Cu + O_2 \longrightarrow 2CuO$$
酸化　　　還元

一方、酸化銅(II) に水素を通じると、酸化銅(II) は酸素を奪われ、単体の銅になる。つまり、酸化銅(II) が還元されたのである。

$$CuO + H_2 \longrightarrow Cu + H_2O$$
還元　　　酸化

これはラボアジェによる酸化還元の定義であるが、酸素や水素の関係しない物質の酸化還元反応まで説明することはできない。例えば、赤熱した銅線を気体の塩素中に入れると、塩化銅(II) が生成する (**表7・5**)。

表7・5　銅と塩素の酸化還元反応による電子の授受

$$Cu + Cl_2 \longrightarrow CuCl_2$$

$Cu \longrightarrow Cu^{2+} + 2e^-$	銅は2つの電子$2e^-$を失っている	酸化
$Cl_2 + 2e^- \longrightarrow 2Cl^-$	塩素は2つの電子$2e^-$を得ている	還元

この反応には、酸素と水素が関与しないが、酸化と還元が起こっている。では、どのように考えるとよいのであろう。この反応では、電子が銅から塩素へ移動している。電子の授受に着目して酸化と還元をまとめると、次のようになる。

酸化とは物質が電子を失う変化で、その物質は酸化されたという。還元とは物質が電子を得る変化で、その物質は還元されたという。

電子の授受に着目して銅の酸化反応を考えてみると、銅は酸化され、酸素は還元されていることがわかる。また、水素による酸化銅(II) の還元反応では、酸化銅(II) が還元され、水素は酸化されている。つまり、一つの反応では、酸化と還元は常に同時に進行するのである。このような化学反応を酸化還元反応という (**表7・6**)。

表7・6　銅と酸素、酸化銅（Ⅱ）と水素の酸化還元反応による電子の授受

$$2Cu + O_2 \longrightarrow 2CuO$$

$Cu \longrightarrow Cu^{2+} + 2e^-$	銅は2つの電子 $2e^-$ を失っている	酸化
$\dfrac{1}{2}O_2 + 2e^- \longrightarrow O^{2-}$	酸素は2つの電子 $2e^-$ を得ている	還元

$$CuO + H_2 \longrightarrow Cu + H_2O$$

$H_2 \longrightarrow 2H^+ + 2e^-$	水素は2つの電子 $2e^-$ を失っている	酸化
$Cu^{2+} + 2e^- \longrightarrow Cu$	銅（Ⅱ）イオンは2つの電子 $2e^-$ を得ている	還元

7・3・2　酸化数の求め方

　イオンからなる物質の反応については、電子の授受の関係がはっきりしているが、二酸化炭素 CO_2 やアンモニア NH_3 など共有結合でできた分子が反応に関与する場合では、原子間の電子の授受が明確ではない。そこで、分子が関与する酸化還元反応でも酸化や還元の関係を明確に判断できるように、**酸化数**という考え方を用いる。酸化数は、物質中のそれぞれの原子に対する酸化の状態を表す数値である。次の順番で酸化数を決めていく。

(1)　単体中の原子の酸化数は0である。

　　　H_2 の H、O_2 の O、Cl_2 の Cl、N_2 の N の酸化数は0
　　　金属単体（Li, Na, K, Mg, Ca, Ba, Fe, Cu, Ni, Zn, Al, Ag, Cd, Hg など）の酸化数は0
　　　B, C, P, S などの酸化数は0

(2)　単原子イオンの酸化数は、そのイオンの価数に正負の符号を付けたものである。

　　　Na^+ の酸化数は +1、Ca^{2+} の酸化数は +2、Cl^- の酸化数は −1、O^{2-} の酸化数は −2

*14　例外として、水素化物イオン H^-、NaH、CaH_2 中の H の酸化数は −1である。

(3)　化合物中の H 原子の酸化数[*14]は +1 とする。

　　　H_2O、HCl、NH_3 の H の酸化数は +1

*15　例外として、過酸化物イオン O_2^{2-}、H_2O_2 中の O の酸化数は −1である。

(4)　化合物中の O 原子の酸化数[*15]は −2 とする。

　　　H_2O、H_2SO_4、CuO 中の O の酸化数は −2

(5)　化合物の成分原子の酸化数の総和は0とする。

　　　CO_2 の場合、O の酸化数は −2、CO_2 は全体で0
　　　→　C の酸化数 + (−2) × 2 = 0
　　　→　C の酸化数 = +4
　　　NH_3 の場合、H の酸化数は +1、NH_3 は全体で0
　　　→　N の酸化数 + (+1) × 3 = 0
　　　→　N の酸化数 = −3

　(6) 多原子イオンの価数と、その成分原子の酸化数の総和は等しいものとする。

　　　SO_4^{2-} の場合、O の酸化数は -2、SO_4^{2-} 全体で -2

　　　→ S の酸化数 $+ (-2) \times 4 = -2$ → S の酸化数 $= +6$

　化学反応で、ある元素の酸化数が増加したときに、その元素やその元素を含む化合物は酸化されたといい、酸化数が減少したときに、その元素やその元素を含む化合物は還元されたという。酸化・還元を定義すると**表7・7**のようになる。

表7・7　酸化・還元を定義する方法

酸化される ➡	酸素と化合する	水素を失う	電子を失う	酸化数が増加する
還元される ➡	水素と化合する	酸素を失う	電子を得る	酸化数が減少する

　酸化還元反応による酸化数の変化を、銅と塩素の反応で見てみよう。

　反応前の銅と塩素は単体であることから、酸化数は0である。反応後は銅(II)イオンと2つの塩化物イオンからなる塩化銅(II) が生成している。単原子イオンの酸化数は、そのイオンの価数に正負の符号を付けたものであることから、銅(II)イオンの酸化数は $+2$、塩化物イオンの酸化数は -1 である。つまり銅の酸化数は0から銅(II)イオンの酸化数 $+2$ に増加していることから、銅は酸化されている。また、塩素の酸化数は0から塩化物イオンの酸化数 -1 に減少していることから、塩素は還元されている。このように、酸化数を用いることにより、酸化された物質と還元された物質を区別できる。

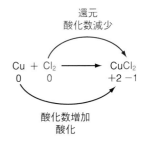

7・4 　酸化還元反応

　酸化と還元は同時に進行する。化学反応において、酸化される物質があれば、必ず還元される物質がある。オゾン O_3 や塩素 Cl_2 のように、ほかの物質を酸化することのできる物質を**酸化剤**といい、硫化水素 H_2S や水素 H_2 などのように、ほかの物質を還元することのできる物質を**還元剤**という。言い換えると、酸化剤は還元されやすい物質、つまり電子を取り込みやすい物質であり、還元剤は酸化されやすい物質、つまり電子を放出しやすい物質である。代表的な酸化剤と還元剤の水溶液中の反応式を**表7・8**に示した。過酸化水素 H_2O_2 や二酸化硫黄 SO_2 は、相手によって酸化剤として働く場合と還元剤として働く場合がある。例えば、過酸化水素 H_2O_2 は一般に酸化剤として働くが、過マンガン酸カリウム $KMnO_4$ や二クロム酸カリウム $K_2Cr_2O_7$ と反応するときは還元剤として働く。

表7・8　酸化剤と還元剤の働き方の例

酸化剤	働きを示す反応式	還元剤	働きを示す反応式
O_3	$O_3 + 2H^+ + 2e^-$ $\longrightarrow O_2 + H_2O$	陽性の大きな金属	$Na \longrightarrow Na^+ + e^-$ $Mg \longrightarrow Mg^{2+} + 2e^-$
H_2O_2	$H_2O_2 + 2H^+ + 2e^-$ $\longrightarrow 2H_2O$	$H_2C_2O_4$ [*17]	$H_2C_2O_4 \longrightarrow$ $2CO_2 + 2H^+ + 2e^-$
$KMnO_4$	$MnO_4^- + 8H^+ + 5e^-$ $\longrightarrow Mn^{2+} + 4H_2O$	H_2	$H_2 \longrightarrow 2H^+ + 2e^-$
Cl_2	$Cl_2 + 2e^- \longrightarrow 2Cl^-$	SO_2	$SO_2 + 2H_2O \longrightarrow$ $SO_4^{2-} + 4H^+ + 2e^-$
$K_2Cr_2O_7$	$Cr_2O_7^{2-} + 14H^+ + 6e^-$ $\longrightarrow 2Cr^{3+} + 7H_2O$	H_2S	$H_2S \longrightarrow$ $S + 2H^+ + 2e^-$
HNO_3（希）	$HNO_3 + 3H^+ + 3e^-$ $\longrightarrow NO + 2H_2O$	KI	$2I^- \longrightarrow I_2 + 2e^-$
HNO_3（濃）	$HNO_3 + H^+ + e^-$ $\longrightarrow NO_2 + H_2O$	H_2O_2	$H_2O_2 \longrightarrow$ $O_2 + 2H^+ + 2e^-$
SO_2	$SO_2 + 4H^+ + 4e^-$ $\longrightarrow S + 2H_2O$	$FeSO_4 \cdot 7H_2O$	$Fe^{2+} \longrightarrow Fe^{3+} + e^-$
$NaClO$ [*16]	$ClO^- + 2H^+ + 2e^-$ $\longrightarrow Cl^- + H_2O$	$Na_2S_2O_3$ [*18]	$2S_2O_3^{2-} \longrightarrow$ $S_4O_6^{2-}$ [*19] $+ 2e^-$

*16　次亜塩素酸ナトリウム $NaClO$

*17　シュウ酸 $H_2C_2O_4$

*18　チオ硫酸ナトリウム $Na_2S_2O_3$

*19　テトラチオン酸イオン（四チオン酸イオン）$S_4O_6^{2-}$

　酸化剤と還元剤の反応では、授受する電子の数は等しいことから、授受する電子の数が等しくなるように、酸化剤と還元剤の反応式を整数倍して組み合わせると、酸化還元反応式が得られる。

　過酸化水素 H_2O_2 を例に酸化還元反応式を作る。過酸化水素 H_2O_2 とヨウ化カリウム KI の反応において、酸化剤と還元剤の各反応は次の式で表される。

Column　酸化還元と医療

　酸化還元反応は医療の分野でも利用されている。

　『日本薬局方』に記されている酸化還元反応を用いた分析法としては、硫酸鉄（貧血用薬）の過マンガン酸カリウム滴定定量、ジメルカプロール（ヒ素、水銀、鉛、銅などの解毒薬）のヨウ素標準液による滴定、アスコルビン酸（ビタミンC欠乏症の予防及び治療薬）のヨウ素液での滴定、ヨウ素（局所用殺菌・消毒薬）のチオ硫酸ナトリウム標準液による滴定、キシリトール（糖尿病患者の糖質補給薬）の過ヨウ素酸カリウム滴定などがある。

　オキシドールや過マンガン酸カリウムなどの酸化剤は、消毒薬としても利用されている。オキシドールや過マンガン酸カリウムは、細菌の構成成分を酸化することによって殺菌効果を発現するので、傷口の洗浄や殺菌に用いられている。

　傷口にオキシドールを使用したときに発生する泡は、次の反応で生じた酸素である。

$$2H_2O_2 \longrightarrow 2H_2O + O_2$$

　発生する酸素の気泡は付着物質の除去に都合がよいので、傷口の洗浄に効果的とされている。

$$（還元剤）\quad 2I^- \longrightarrow I_2 + 2e^-$$

$$（酸化剤）\quad H_2O_2 + 2H^+ + 2e^- \longrightarrow 2H_2O$$

この式をまとめると、次のイオン反応式が得られる。

$$2I^- + H_2O_2 + 2H^+ \longrightarrow I_2 + 2H_2O$$

この反応が硫酸酸性溶液中で行われたときは、次の酸化還元反応式が完成する。

$$2KI + H_2O_2 + H_2SO_4 \longrightarrow I_2 + 2H_2O + K_2SO_4$$

酸化剤または還元剤の標準溶液を用いて、還元剤または酸化剤の水溶液の濃度を実験によって求めることができる。これを**酸化還元滴定**という。

Column　SI 単 位

国際単位系（SI）は 1960 年の国際度量衡総会で決議され、科学および工学のあらゆる分野でこの単位系の使用が勧告されている。SI 単位は SI が定める最も基本的な様々な単位の総称であり、SI 基本単位、SI 組立単位、SI 接頭語（裏表紙裏 参照）からなるものである。SI 基本単位は 7 つの SI 基本単位（長さ: m, 質量: kg, 時間: s, 電流: A, 熱力学温度: K, 物質量: mol, 光度: cd）であり、SI 組立単位は、この 7 つの SI 単位から組み立てられたものである。また、SI 接頭語は、大きな物理量や小さな物理量を表すために使用される 10 進の接頭語である。

Column　有 効 数 字

測定で得られた値と真の値との差を誤差という。測定で得られた値のうち、誤差の影響を受けないか、誤差を多少含んでいても意味のある桁の数字を、有効数字という。通常、測定器具の最小目盛りの 10 分の 1 まで読み取り、測定値を得る。このとき、測定値の最後の位の数値は目分量で読んだ値であり、いくらかの誤差を含んでいる。例えば、図のようにビュレットの値を読み取るとき、測定値の 12.4<u>5</u> mL の <u>5</u> には目分量で読み取ることによる誤差が含まれているものの、測定値としては意味のある数値である。そのため、12.45 の有効数字の桁数は 4 桁となる。

有効数字の桁数を考えるときは、0 の取り扱いに注意が必要である。例えば、「9.5<u>0</u>」のように小数点以下の最後の位にある 0 は有効数字であるが、「<u>0.0</u>55」のように位取りを示すための 0 は有効数字には含めない。つまり、9.50 の有効数字の桁数は 3 桁であり、0.055 の有効数字の桁数は 2 桁である。

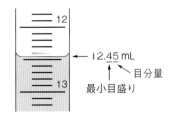

図　ビュレットの値の読み取り（最小目盛り（0.1 mL）の 1/10 まで読み取る）

演習問題

7.1　次の物質を強酸、弱酸、強塩基、弱塩基に分類せよ。

(1) HCl　(2) HNO₃　(3) H₂SO₄　(4) H₃PO₄　(5) H₂CO₃　(6) CH₃COOH　(7) NaOH　(8) Fe(OH)₃

(9) KOH　(10) Ca(OH)₂　(11) Ba(OH)₂

7.2　0.25 mol/L の硫酸 18 mL を中和するのに、0.90 mol/L の水酸化ナトリウム水溶液は何 mL 必要か。

7.3　次の物質を含む水溶液は (a) 酸性、(b) 塩基性、(c) 中性のいずれを示すか。それぞれ記号で答えよ。

(1) CuSO₄　(2) BaCl₂　(3) NH₄Cl　(4) CH₃COONa

7.4　次の各溶液の pH を求めよ。ただし、指定がないかぎり、溶液中の酸ならびに塩基の電離度は 1 とする。

(1) 0.01 mol/L 塩酸

(2) 0.10 mol/L 酢酸水溶液（電離度 $\alpha = 0.01$）

(3) 0.05 mol/L 水酸化カルシウム水溶液

(4) 0.10 mol/L アンモニア水溶液（電離度 $\alpha = 0.01$）

7.5　次の各水溶液の水素イオン濃度 (mol/L) を有効数字 2 桁の数値で求めよ。

(1) pH 3.0 の水溶液　　(2) pH 7.0 の水溶液　　(3) pH 13 の水溶液

7.6　酢酸水溶液の電離定数は 25℃ で 2.7×10^{-5} である。0.10 mol/L 酢酸水溶液の水素イオン濃度 (mol/L) を有効数字 2 桁の数値で求めよ。

7.7　血液の pH を有効数字 2 桁の数値で求めよ。ただし、血液中の $[H_2CO_3] = 1.16 \times 10^{-3}$ mol/L、$[HCO_3^-] = 0.023$ mol/L、37℃ における炭酸の電離定数（酸解離定数）$K_a = 10^{-6.1}$ とする。

7.8　次の各物質の下線を付けた原子の酸化数を求めよ。

(1) K₂<u>Cr</u>O₄　(2) H₂<u>O</u>₂　(3) <u>C</u>O₂　(4) <u>Au</u>　(5) H₂<u>S</u>O₄　(6) H<u>N</u>O₃　(7) <u>N</u>H₃　(8) <u>N</u>O₂

7.9　次の化学反応式の中の各元素の酸化数の変化から、酸化された物質、還元された物質を答えよ。また、酸化数の変化を例にならって記せ。

（例）<u>Zn</u> + 2<u>H</u>Cl ⟶ ZnCl₂ + H₂　酸化された物質 Zn：Zn (0 → +2) 還元された物質 HCl：H (+1 → 0)

(1) 4 Ag + 2 H₂S + O₂ ⟶ 2 H₂O + 2 Ag₂S

(2) 2 NO + O₂ ⟶ 2 NO₂

(3) 2 K + 2 H₂O ⟶ 2 KOH + H₂

7.10　次の反応で、下線を引いた物質が酸化剤として働いているときは a、還元剤として働いているときは b、いずれでもないときは c と答えよ。

(1) <u>Mg</u> + 2 HCl ⟶ MgCl₂ + H₂

(2) 2 <u>CuO</u> + C ⟶ 2 Cu + CO₂

(3) Na₂O + <u>H₂O</u> ⟶ 2 NaOH

第Ⅱ部　有機化学

　有機化学は有機化合物を扱う化学である。有機化合物とは、昔は生物に関連した化合物のことを意味したが、現在では、炭素を含む化合物のうち、一酸化炭素 CO や二酸化炭素 CO_2 のような簡単な構造の化合物を除いた物と考えられている。しかし、有機化合物が生体を構成する主要化合物であることに変わりはない。その意味で、有機化学は医療に従事する者にとって最も重要な分野といってよいであろう。

　有機化合物を構成する主な元素は、炭素 C、水素 H、酸素 O、窒素 N、硫黄 S、リン P などである。このように、わずか数種類の元素からなる化合物であるが、有機化合物の種類は無数といってよいほど多い。この第Ⅱ部では、有機化合物をその構造、反応性、さらに高分子化合物、生体を構成するものなど、多方面にわたって見ていくことにしよう。

第8章 有機化合物の構造

有機化合物は、炭素 C、水素 H を主とする原子が主に共有結合で結合してできた化合物である。共有結合には単結合、二重結合、三重結合などがあり、それぞれ固有の結合角と形（構造）を持っており、それが有機化合物の性質、反応性に大きく影響している。有機化合物は本体部分と置換基部分に分けて考えることができる。置換基は有機化合物の性質を決定する重要な部分であり、置換基を見ればその化合物の性質、反応性を推定することができる。

8・1 有機化合物の結合

*1 原子は互いに結合して分子を作る。原子の結合を化学結合（結合）という。結合には金属結合、イオン結合、共有結合、水素結合など多くの種類があるが、生体に関連した有機化合物を構成するほとんど全ての結合は共有結合である。

全ての分子は原子が結合してできたものである[*1]。分子を構成する原子の種類と個数を表した式（記号）を**分子式**という。そしてこれらの原子がどのような順序で結合しているかを表した式を**構造式**という。

有機化合物を構成する結合は主に**共有結合**（4・2節参照）であり、共有結合には**表8・1**に示したような種類がある。すなわち、飽和結合と不飽和結合に二大別することができ、飽和結合は単結合（一重結合）ともいう。不飽和結合には二重結合、三重結合があり、また、二重結合と単結合が交互に並んだ共役二重結合[*2]がある。

*2 共役二重結合を持った典型的な化合物は下図のブタジエンである。

H₂C＝CH−CH＝CH₂ の構造図

表8・1 共有結合の種類

共有結合	飽和結合	単結合（一重結合）(single bond)	H_3C-CH_3
	不飽和結合	二重結合 (double bond)	$H_2C=CH_2$
		三重結合 (triple bond)	$HC\equiv CH$
		共役二重結合 (conjugated bond)	$H_2C=CH-CH=CH_2$

8・1・1 単結合の構造

*3 結合手の本数は原子価（2・4節参照）に相当する。

共有結合は原子の間の握手と考えることができ、握手に使うことのできる"手"を結合手（**価標**）という[*3]。結合手の本数は原子によって異なり、その本数は**表8・2**に示した通りである。なお、硫黄や窒素は化合物によって結合手の本数が異なることがあるので注意が必要である。

2個の原子が1本ずつの結合手を差し伸べあって作った結合を**単結合**という。炭素は4本の結合手を持つので4本の単結合を作ることができ

表8・2 元素による結合手の本数の違い

元素	H	C	O	N	S	P
本数	1	4	2	3	2, 4, 6	5

る。このようにして、1 個の炭素と 4 個の水素の間でできた化合物が最も基本的な有機化合物メタン CH_4 である（**図 8・1 上段**）。

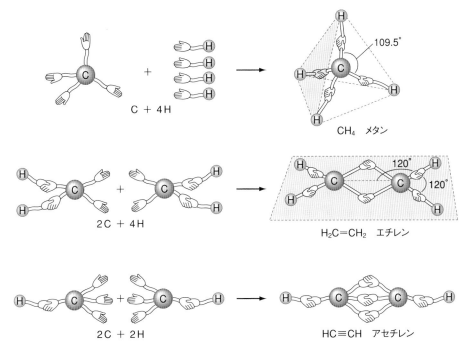

図 8・1　有機化合物の単結合・二重結合・三重結合
第 4 章では結合を電子対で説明しているので注意せよ。

　炭素の 4 本の結合手は同一平面上に出るのではなく、互いに 109.5° の角度を保つようにできている。この結果、メタンの構造は海岸にある波消しブロックのテトラポッド（**右図**）のような立体的な形をとることになる。なお、メタンの水素を結んだ形は正四面体であることから、メタンの構造は正四面体である、と表現することもある。

8・1・2　不飽和結合の構造

A　二重結合

　エチレン $H_2C＝CH_2$ における炭素間の結合は**二重結合**である。この結合は模式的に、2 個の炭素が 2 本ずつの結合手で結合し、残った 2 本ずつの結合手で合計 4 個の水素と結合したものと考えることができる。エチレンの構造は平面形であり、全ての結合角は約 120° である（**図 8・1 中段**）。

B　三重結合

　アセチレン $HC≡CH$[*4] の炭素間結合は**三重結合**である。炭素は 3 本ずつの結合手を使って結合し、残った 1 本ずつの結合手で水素と結合する。

*4　アセチレンガスと酸素ガスの混合気体に火を着けた酸素アセチレン炎は、3000℃ の高温を出し鉄（融点 1538℃）をも融かす。そのため工事現場での鉄の溶接に使われる。

この結果、アセチレンは直線状の構造となる（**図 8・1 下段**）。

C　共役二重結合

ブタジエンでは二重結合と単結合が交互に並んでいる。このような結合を全体として**共役二重結合**[*5]という。典型的な例はベンゼンにおける結合である。共役二重結合は特殊な結合であり、この結合における単結合は二重結合性を帯び、反対に二重結合は単結合性を帯びる（**図 8・2**）。

この結果、ベンゼンにおける 6 本の炭素間結合は全て同じ結合、すなわち 1.5 重結合とでもいうような結合となる。この状態を表すため、ベンゼンの構造は六角形の中に円を描いて表すこともある[*6]。

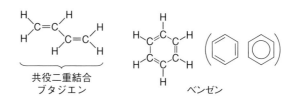

図 8・2　ブタジエンとベンゼンの共役二重結合

8・2　炭化水素の種類

有機化合物の基本的なものは炭素と水素からできたものであり、一般に**炭化水素**といわれる。

8・2・1　炭化水素の種類

炭化水素のうち、飽和結合だけでできたものを**飽和炭化水素**、**アルカン**という[*7]。アルカンの分子式は一般に C_nH_{2n+2} で表される。不飽和結合を含む炭化水素を不飽和炭化水素という。そのうち、二重結合を 1 個だけ含むものを**アルケン**といい、分子式は C_nH_{2n} となる。また三重結合を 1 個含むものは**アルキン**と呼ばれ、分子式は C_nH_{2n-2} となる[*8]。環状の炭化水素は一般に**環状炭化水素**と呼ばれる。

8・2・2　アルカンの名前

有機化合物には固有の名前が付いているが、その名前は発見者が勝手に付けてよいというものではない。化合物の名前は**国際純正・応用化学連合（IUPAC）**が定めた命名法によって付けられることになっている。

A　数詞

この命名法の基本は、化合物を構成する炭素の個数を表すギリシャ語の数詞を基にして決められる。主なものを**表 8・3**に示したが、これらの数詞は日常語の中にも用いられている。モノレール（レールが 1 本）、

*5　共役二重結合は炭素以外の元素の結合にも現れる。次の結合は共役二重結合である。

$$H_2C=CH-CH=O$$
$$H_2C=CH-CH=NH$$

*6　ベンゼンはその形から、昔から「カメノコ」と呼ばれてきた。しかし可愛らしい名前に反して発がん性などを持つ有毒物質であり、取り扱いには注意が必要である。

*7
アルカン　alkane
アルケン　alkene
アルキン　alkyne
アルケンはオレフィンともいわれる。

*8　アルケン、アルキンなどの名前はそれぞれ二重結合、三重結合を「1 個」だけ持った化合物の名前である。複数個持った場合には名前も変わってくる。

表8・3 飽和炭化水素の名称

数	数詞		アルカン基		構造式	沸点 (℃)	融点 (℃)
1	mono	モノ	methane	メタン	CH_4	−161.5	−182.8
2	di ジ；bi ビ		ethane	エタン	CH_3CH_3	−89.0	−183.6
3	tri	トリ	propane	プロパン	$CH_3CH_2CH_3$	−42.1	−187.7
4	tetra	テトラ	butane	ブタン	$CH_3(CH_2)_2CH_3$	−0.5	−138.3
5	penta	ペンタ	pentane	ペンタン	$CH_3(CH_2)_3CH_3$	36.1	−129.7
6	hexa	ヘキサ	hexane	ヘキサン	$CH_3(CH_2)_4CH_3$	68.7	−95.3
7	hepta	ヘプタ	heptane	ヘプタン	$CH_3(CH_2)_5CH_3$	98.4	−90.6
8	octa	オクタ	octane	オクタン	$CH_3(CH_2)_6CH_3$	125.7	−56.8
9	nona	ノナ	nonane	ノナン	$CH_3(CH_2)_7CH_3$	150.8	−53.5
10	deca	デカ	decane	デカン	$CH_3(CH_2)_8CH_3$	174.1	−29.7
多数	poly	ポリ			$CH_3(CH_2)_nCH_3$		

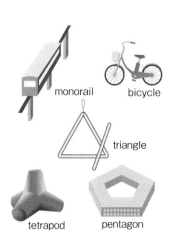

monorail　bicycle
triangle
tetrapod　pentagon

トライアングル（三角）、オクタパス（タコ、脚が8本）などはよく知られたところである。また、ポリエチレンはたくさんのエチレンからできた化合物という意味である。

B 命名法

アルカンの名前はそれを構成する炭素数の数詞の語尾に ne を付けて表す（数詞に ane を付け、重なった母音のうち"a"を除く、と考えてもよい）。したがって、炭素数5個のものは penta ＋ ne ＝ pentane（ペンタン）、6個なら hexane（ヘキサン）となる。しかし、炭素数1〜4個のものは昔から知られていた化合物なので、当時から用いられた名前で呼ぶ。このような名前を**慣用名**という。ベンゼン、トルエンなども慣用名である[*9]。

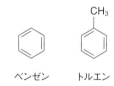

ベンゼン　トルエン

*9 命名法を決定した機関が国際純正・応用化学連合（IUPAC）なので、この命名法を IUPAC 命名法という。

8・2・3 構造式の表示法

有機化合物の構造には複雑なものが多い。このような構造を**表8・4**のカラム1に示したような構造式で書くとゴチャゴチャしてわかりにくい。そこでカラム2のような簡略法で示すことがある。しかし、複雑な構造のものではこの簡略法でもわかりにくい。そこで考案されたのがカラム3の表現法である。

この表現法には約束がある。それは
① 直線の両端および屈曲部には炭素原子がある。
② 炭素の結合手を満足するだけの水素は付いているものとする。
③ 二重結合は二重線、三重結合は三重線で表す。
というものである。本書では特別の場合を除いてカラム3の方法で表記する。

表 8・4　有機化合物の構造表記

*10　CH₃−CH₃ などの横線は点（・）で表すこともあるし、全く表さないこともある。

分子式	構造式		
	カラム 1	カラム 2	カラム 3
CH_4	H−C−H （上下にH）	CH_4	
C_2H_6	H−C−C−H	CH_3-CH_3*10	
C_3H_8	H−C−C−C−H	$CH_3-CH_2-CH_3$	∧
C_4H_{10}	H−C−C−C−C−H ／ H−C−C−C−H（枝 C−H）	$CH_3-CH_2-CH_2-CH_3$ $CH_3-(CH_2)_2-CH_3$ ／ $CH_3-CH-CH_3$（枝 CH_3）	∧∧ ／ Y
C_2H_4	H₂C=CH₂（構造）	$H_2C=CH_2$	=
C_3H_6	三員環構造 ／ H₂C=CH−CH₃	CH_2（CH_2-CH_2）環 ／ $H_2C=CH-CH_3$	△ ／ ∧
C_6H_6	ベンゼン環構造	HC=CH（ベンゼン環）	⬡

8・3　置換基の種類

　有機化合物の構造は、本体部分と、それに付属する置換基部分に分けて考えると便利である。置換基は二種類に分けて考えることができる。アルキル基と官能基である。

8・3・1　アルキル基

単結合で結合した炭素と水素からできた置換基を一般に**アルキル基**という（**表8・5**）。アルキル基の種類は非常に多いが、主なものにメチル基 $-CH_3$（$-Me$）とエチル基 $-CH_2CH_3$（$-Et$、$-C_2H_5$）がある。アルキル基は記号 R で表される。

8・3・2　官能基

炭素と水素が不飽和結合で結合してできた置換基、および、炭素、水素以外の元素（このような元素を**ヘテロ元素**[*11]という）を含む置換基を**官能基**という（**表8・5**）。

*11　ヘテロ元素は構造式では省略せず元素記号で表す。

官能基はそれぞれ固有の性質、反応性を持つ。そのため、官能基を持つ化合物の主な性質、反応性は官能基によって決定される。

A　フェニル基

ベンゼンから1個の水素が取れたもので、記号 $-Ph$、あるいは $-C_6H_5$ で表されることもある[*12]。置換基ではなく、分子の本体部分と考えられることもある。

*12　古い本ではギリシャ文字のφ（ファイの小文字）で表している場合もある。

B　ビニル基

エチレンから1個の水素が取れたものである。この置換基を持つ物は一般にビニル誘導体と呼ばれ、ポリ塩化ビニルのように、第11章で見る高分子化合物の原料となるものが多い。

C　複合基

官能基には複雑な構造のものもある。ホルミル基 $-CHO$ はカルボニル基 $=CO$ に水素 H が付いたものである。またカルボキシ基 $-COOH$ はカルボニル基にヒドロキシ基 $-OH$ が付いたものである。このような置換基を特に複合基と呼ぶことがある。

8・4　有機化合物の種類と性質

有機化合物の種類は大変に多いが、それらは官能基によって分類することができる。主なものを見てみよう。

8・4・1　芳香族化合物

共役二重結合でできた環状化合物のうち、環内に $(2n+1)$ 個（n は整数）の二重結合を持つものを一般に**芳香族化合物**という。ベンゼン誘導体が典型である。"芳香"は"良い匂い"という意味であるが、"芳香族"が良い匂いを持つとは限らない。ピリジンのように悪臭を持つものも多い。

芳香族化合物は一般に大変安定であり、反応性に乏しいが、ある種の

ピリジン

表 8・5　アルキル基と官能基

	置換基	名称	一般式	一般名		例
アルキル基	—CH₃	メチル基			CH₃—OH	メタノール
	—CH₂CH₃	エチル基			CH₃—CH₂—OH	エタノール
	—CH(CH₃)CH₃ イソプロピル基				(CH₃)₂CH—OH	イソプロピルアルコール
官能基	フェニル基*	フェニル基	R—	芳香族	CH₃—	トルエン
	—CH=CH₂	ビニル基	R—CH=CH₂	ビニル化合物	CH₃—CH=CH₂	プロピレン
	—OH	ヒドロキシ基	R—OH	アルコール／フェノール	CH₃—OH ／ ⬡—OH	メタノール／フェノール
	>C=O	カルボニル基	R,R'C=O	ケトン	(CH₃)₂C=O ／ ベンゾフェノン	アセトン／ベンゾフェノン
	—CHO	ホルミル基	R—CHO	アルデヒド	CH₃—CHO ／ ベンズアルデヒド	アセトアルデヒド／ベンズアルデヒド
	—COOH	カルボキシ基	R—COOH	カルボン酸	CH₃—COOH ／ 安息香酸	酢酸／安息香酸
	—NH₂	アミノ基	R—NH₂	アミン	CH₃—NH₂ ／ ⬡—NH₂	メチルアミン／アニリン
	—NO₂	ニトロ基	R—NO₂	ニトロ化合物	CH₃—NO₂ ／ ⬡—NO₂	ニトロメタン／ニトロベンゼン
	—CN	ニトリル基（シアノ基）	R—CN	ニトリル化合物	CH₃—CN ／ ⬡—CN	アセトニトリル／ベンゾニトリル

＊フェニル基は —C₆H₅ で表されることも多い。この場合トルエン（メチルベンゼン）は
CH₃—C₆H₅ となる。

＊13　安息香酸は安息香といわれる植物香料から得られた物質であるが、安息香の芳香の原因になる化合物は別にあり、安息香酸は何の匂いもない。

反応に限っては活発である。ベンゼン誘導体の中には発がん性を疑われるものもあるが、総じて化学工業の重要な原料である。プラスチックの発泡ポリスチレン（発泡スチロール）、医薬品のアスピリン、安息香酸などは典型的なベンゼン誘導体である*13。いくつかの芳香族化合物の構造を次ページ上に示す。

アスピリン　　　　　　ポリスチレン

8・4・2　アルコール・フェノール

　アルキル基にヒドロキシ基が結合したものを一般に**アルコール**といい、メタノール CH_3OH、エタノール CH_3CH_2OH などがよく知られている。アルコールは中性であり、有機物をよく溶かすので工業的な洗剤や反応溶媒に用いられる。

　エタノールは一般にアルコールと呼ばれ、酒類に含まれる[*14]。殺菌作用もあるので消毒に用いられる。通常のエタノールには不純物として数%の水が含まれるが、この水分を除いたものを無水アルコールと呼ぶ。

　メタノールの化学的性質はエタノールとほぼ同じであるが、生物学的には有害なので劇物扱いとなっている。

　フェニル基にヒドロキシ基が結合したものは**フェノール**と呼ばれる。フェノールはアルコールと違って酸性である。そのためかつては石炭酸と呼ばれ、消毒液などに用いられた。

8・4・3　アルデヒド

　ホルミル基を持つ化合物を一般に**アルデヒド**と呼ぶ[*15]。アルデヒドは相当するアルコールを酸化することによって得られ、アルデヒドを酸化すると相当するカルボン酸になる。

　一般にアルデヒドは酸化されやすい。ということは、ほかの化合物から酸素を奪う性質があることを意味し、これは還元性を持つことを意味する[*16]（7・3節、10・2節参照）。

8・4・4　カルボン酸

　カルボキシ基を持つ化合物を**カルボン酸**という。カルボン酸は酸であり、電離して水素イオン H^+ を遊離する。よく知られたものに酢酸がある。酢酸はエタノールを酸化することによって得られる。酢酸の融点は16.7℃であり、寒い日には凍って結晶となるので氷酢酸とも呼ばれる。全ての食酢には酢酸が3〜4%ほど含まれ、酸っぱさの原因となっている。

　2個の酢酸から1個の水が取れて結合（脱水縮合反応）したものを無水酢酸という（10・4・1項参照）。同じ“無水”でも無水アルコールの無水とは意味が異なるので注意が必要である。

Column　二日酔い

エタノールが体内に入ると、アルコール脱水素酵素によって脱水素（酸化）されてアセトアルデヒドとなり、さらにアルデヒド脱水素酵素によって酸化されて酢酸となり、最終的に二酸化炭素と水になる。アセトアルデヒドは有害物質であり、二日酔いの原因とされている。

アセトアルデヒドを除くには酸化して酢酸とすればよいのだが、そのためには酵素が必要である。しかしこの酵素の量はその人の遺伝子型によって決まっている。生まれつき酵素の量が少ない人は酒に弱いことになる。

なお、メタノールが体内に入ると毒物のホルムアルデヒド、さらにはギ酸となる。そして脱水素酵素は網膜細胞や肝臓に多いことから、メタノールを飲むと失明したり、命を落とす危険もある。

$$CH_3\text{-}CH_2\text{-}OH \longrightarrow CH_3\text{-}\overset{\displaystyle O}{\underset{\displaystyle H}{C}} \longrightarrow CH_3\text{-}\overset{\displaystyle O}{\underset{\displaystyle OH}{C}} \longrightarrow CO_2 + H_2O$$

エタノール　　　　　アセトアルデヒド　　　　酢酸

$$CH_3\text{-}OH \longrightarrow H\text{-}\overset{\displaystyle O}{\underset{\displaystyle H}{C}} \longrightarrow H\text{-}\overset{\displaystyle O}{\underset{\displaystyle OH}{C}} \longrightarrow CO_2 + H_2O$$

メタノール　　　ホルムアルデヒド　　　ギ酸

$$R\text{-}\overset{\displaystyle O}{C}\text{-}O\text{-}H \rightleftharpoons R\text{-}\overset{\displaystyle O}{C}\text{-}O^- + H^+$$

カルボン酸　　　　　カルボン酸イオン　水素イオン

$$CH_3\text{-}\overset{\displaystyle O}{C}\text{-}O\text{-}H + H\text{-}O\text{-}\overset{\displaystyle O}{C}\text{-}CH_3 \rightleftharpoons CH_3\text{-}\overset{\displaystyle O}{C}\text{-}O\text{-}\overset{\displaystyle O}{C}\text{-}CH_3 + H_2O$$

酢酸　　　　　　　　　　　　　　　　無水酢酸

8・4・5　アミン

アミノ基を持つ化合物をアミンと呼ぶ。アミンはアンモニア NH_3 の誘導体と見ることができ、H^+ を受け取ることができるので塩基である。

$$R\text{-}NH_2 + H^+ \rightleftharpoons R\text{-}NH_3^+$$
アミン

アミンには特有の不快臭を持つものがある。一分子中にアミノ基とカルボキシ基を持つものは、塩基性と酸性を併せ持つので両性化合物といわれる。タンパク質の構成成分であるアミノ酸[*17]が典型であるが、これらの性質については 13・1 節でくわしく見ることにする。

8・4・6　ニトロ化合物

ニトロ基を持つ化合物をニトロ化合物と呼ぶ。ニトロ化合物には爆発性を持つものがある。爆弾の原料であるトリニトロトルエン TNT[*18] やダイナマイトの原料であるニトログリセリン[*19] は有名である（ニトロ

[*17]

$$H\text{-}\overset{\displaystyle R}{\underset{\displaystyle NH_2}{C}}\text{-}CO_2H$$

アミノ酸

[*18]

$$O_2N\underset{NO_2}{\overset{CH_3}{\bigcirc}}NO_2$$

トリニトロトルエン

[*19]

$$\begin{array}{l} CH_2\text{-}O\text{-}NO_2 \\ CH\text{-}O\text{-}NO_2 \\ CH_2\text{-}O\text{-}NO_2 \end{array}$$

ニトログリセリン

グリセリンは硝酸エステルである)。ニトログリセリンは体内に入ると酸化窒素 NO を発生し、これが血管を弛緩する作用があるので、ニトログリセリンは狭心症の特効薬として知られている。

8・4・7 ニトリル化合物

　ニトリル基（シアノ基）を持つ化合物をニトリル化合物（シアノ化合物）という。無機化合物ではあるが、青酸カリ（正式名シアン化カリウム）KCN[20] が猛毒であることからうかがわれるように、ニトリル化合物にも有毒なものがあるので取り扱いには注意が必要である。

[20]　青酸カリを飲むと、胃の酸（胃酸、塩酸 HCl）によって分解されて青酸ガス（シアン化水素）HCN が発生し、これが食道を逆流して肺に入る。すると呼吸酵素であるシトクロムのヘムと不可逆的に結び付き、シトクロムの酸化作用を不可能にして細胞を呼吸死させる。このような毒を一般に呼吸毒という。一酸化炭素の毒作用機構もこれと同様である。

演習問題

8.1　次の化合物を飽和化合物、不飽和化合物に分けよ。

　　　メタン、エチレン、ベンゼン、エタン、プロパン、アセチレン

8.2　硫黄が結合手を2本、4本、6本使って作った化合物を1個ずつ構造式で示せ。

8.3　次の化合物の ∠CCH（メタンでは ∠HCH）の結合角は約何度か。

　　　メタン、エタン、エチレン、アセチレン、ベンゼン、ブタジエン

8.4　次の化合物のうち、平面構造、直線構造を持つものはそれぞれどれか。

　　　水、アンモニア、二酸化炭素、エチレン、ベンゼン、アセチレン

8.5　次の化合物の構造式を、表8・4カラム1の書式で表せ。

8.6　次の置換基の構造式を書け。

　　　ホルミル基、カルボキシ基、ニトロ基、アミノ基、カルボニル基

8.7　次の化合物の構造式を書け。

　　　エタノール、アセトアルデヒド、酢酸、アセトン、ホルムアルデヒド

8.8　次の化合物のうち、① 酸性のもの、② 塩基性のもの、③ 還元性を持つものをあげよ。

　　　フェノール、アセトアルデヒド、メチルアミン、ギ酸、アニリン、ベンズアルデヒド

8.9　青酸カリの毒の機構を説明せよ。

8.10　無水エタノール、変性エタノールについて説明せよ。

8.11　共役二重結合と酸素、窒素を持つ化合物それぞれ一種の名前と構造式を書け。

8.12　次の化合物の持つ官能基の名前と構造式を書け。

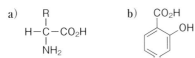

8.13　ニトログリセリンの用途を二つあげよ。

第9章 異性体と立体化学

多くの有機化合物は、炭素と水素を主としてわずか数種類の原子からなる。ところが、有機化合物の種類は無数といってよいほどたくさんある。その原因は、異性体がたくさんあることにある。異性体とは、分子式が同じで構造式の異なるものである。異性体には、原子の並び順が異なる構造異性体と、並び順は同じだが空間的な配置が異なる立体異性体がある。生体を構成する有機化合物では、立体異性体が重要な働きをするものが多い。

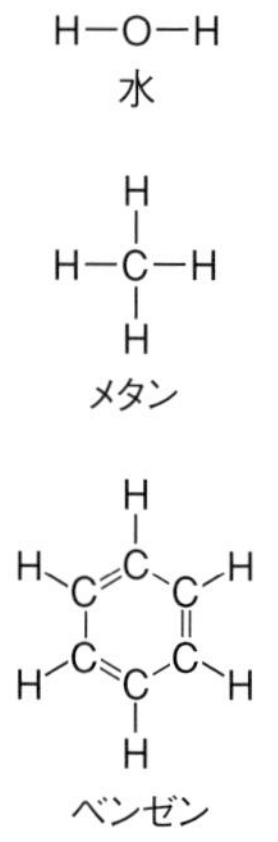

H—O—H
水

H—C—H (メタン)
メタン

ベンゼン

図 9・1 構造式の例

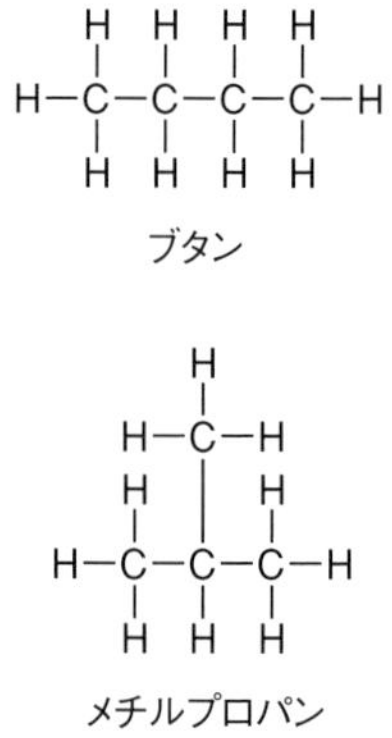

9・1 異性体

分子を構成する原子の種類と個数を表した記号（式）を分子式というが、分子式を見ただけでは分子の構造はわからない。分子の構造では、原子がどのような順序、どのような空間配置で結合しているかが重要となる（**図 9・1**）。

9・1・1 異性体の例

ブタンの分子式は C_4H_{10} である。ところが、C_4H_{10} の分子式を持つ化合物にはメチルプロパンも存在する（**図 9・2**）。構造式からわかる通り、両者はまったく異なる化合物である。このように、分子式は同じだが構造式の異なるものを互いに**異性体**という。炭素数が増えて分子式が C_5H_{12} になると、異性体の個数は**図 9・3**に示したように 3 個となる。

ブタン

メチルプロパン

図 9・2 C_4H_{10} の異性体

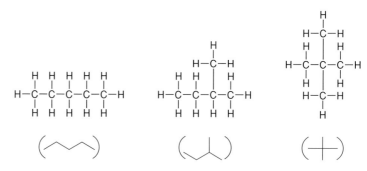

図 9・3 C_5H_{12} の異性体

このように、異性体の個数は分子を構成する原子の種類や個数が増えると加速度的に増加する。アルカンの異性体の個数が炭素数の増加とともにどのように増えるかを**表 9・1**にまとめた。有機化合物の種類が多くなる理由がわかろうというものである。

表 9・1 炭素数と異性体の個数

分子式	異性体の個数
C_4H_{10}	2
C_5H_{12}	3
$C_{10}H_{22}$	75
$C_{15}H_{32}$	4347
$C_{20}H_{42}$	366319

9・1・2 異性体の種類

異性を発現する原因には多くの種類があり、それに伴って異性現象にも多くの種類がある。**図9・4**は主な異性体をまとめたものである。まず大きく構造異性体と立体異性体に分けられ、構造異性体はさらに連鎖異性体、位置異性体、官能基異性体に分けられる。

異性体 ┬ 構造異性体 ┬ 連鎖異性体
　　　 │　　　　　　├ 位置異性体
　　　 │　　　　　　└ 官能基異性体
　　　 └ 立体異性体 ┬ 立体配座異性体
　　　　　　　　　　└ 立体配置異性体 ┬ エナンチオマー（鏡像異性体）
　　　　　　　　　　　　　　　　　　└ ジアステレオマー

図9・4　異性体の分類

一方、立体異性体はさらに立体配座異性体と立体配置異性体に分けられる。そして立体配置異性体にはエナンチオマー（鏡像異性体）とジアステレオマーがある。

9・2 構造異性体

異性体のうち、原子の並び順が異なることによって発現したものを**構造異性体**という。**図9・5**は分子式 C_5H_{10} を持つ異性体の全てである。全部で13個あることがわかる[*1]。

*1　1〜5を鎖状化合物、6〜10を環状化合物という。

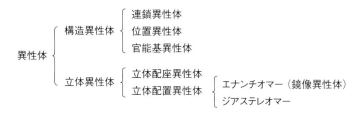

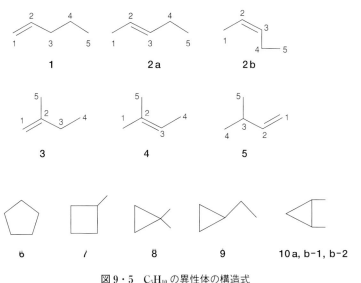

図9・5　C_5H_{10} の異性体の構造式

このうち**1**と**2**は、炭素の並び順は同じであるが水素の並び順が異なるので互いに構造異性体である。同様に**3, 4, 5**も、水素の並び順が異な

る。環状化合物の **6～10** は炭素の並び順が異なる構造異性体である。

なお、**2a**、**2b**、**10a**、**10b-1**、**10b-2** は立体異性体になるので、9・5節で詳しく見ることにしよう[*2]。

9・2・1　連鎖異性体

上記異性体のうち、**1** と **2** は5個の炭素が連続しているが、**3～5** では連続しているのは4個だけである。このように、炭素の連鎖の長さが異なる異性を**連鎖異性体**という（鎖状異性体ともいう）。

9・2・2　位置異性体

化合物 **8** と **10** では三員環に2個のメチル基 CH_3 が結合しているが、その位置が異なる。このような異性を**位置異性体**という。また、**1** と **2** は二重結合の位置が異なるので位置異性体であり、**3～5** も互いに位置異性体である。

位置異性体で重要なのは、ベンゼンに2個の置換基が付いたものである。この場合、ベンゼンでは置換基の隣の位置をオルト位 (o-)、その隣をメタ位 (m-)、その隣、すなわち置換基の向かいの位置をパラ位 (p-) と呼ぶ。そして2個の置換基が隣り合った構造をオルト置換体、一つ置いたものをメタ置換体、反対側にある構造をパラ置換体と呼ぶ（**図9・6**）[*3]。

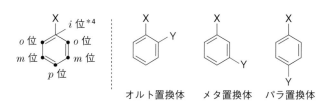

図9・6　オルト・メタ・パラ置換体

9・2・3　官能基異性体

官能基の違いに基づく異性体を**官能基異性体**という。**図9・7**の化合物 **1** はヒドロキシ基 OH を持ったエタノールである。しかし **2** はジメチル

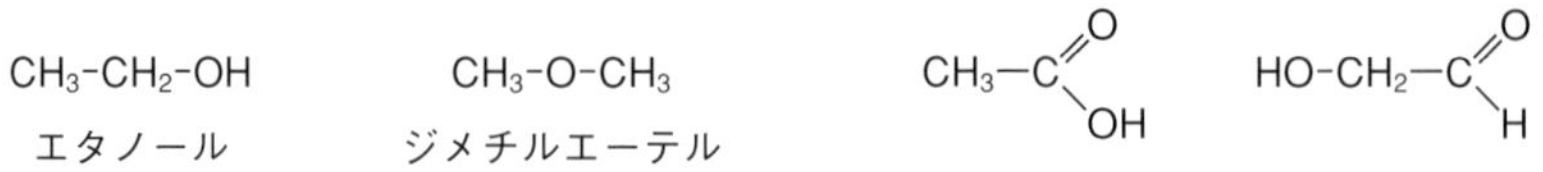

CH₃-CH₂-OH 　　　CH₃-O-CH₃

エタノール　　　　ジメチルエーテル

1　　　　　　　　**2**　　　　　　　　**3**　　　　　　　　**4**

図9・7　官能基異性体の例[*5]

エーテルであり、両者は官能基異性体である。また **3** はカルボキシ基 COOH を持った酢酸であるが、**4** はヒドロキシ基とホルミル基 CHO を持った化合物である。

9・3 立体異性体

8・1節でメタンの構造を見たが、メタンは平面的な四角形分子ではなく、立体的な正四面体型分子であった。メタンに限らず、ほとんど全ての有機化合物は平面的な構造ではなく、立体的な構造を持っている。このような分子構造の立体的な要因で現れる異性体を立体異性体という。

9・3・1 結合回転

単結合は回転することができる。エタン CH_3-CH_3 の C–C 結合は回転することができ、そのため、2個の炭素に付いた水素が重なった重なり形 **a** と、斜交いになったねじれ形 **b** の構造が生じる。この様子を表すには、木挽き台モデルとニューマン投影式という二つの方法が用いられる（**図9・8**）。ニューマン投影式においては、円の中心に結合した水素原子は手前の炭素に付いているもの、円周に結合した水素原子は後方の炭素に付いていることを表す。

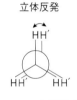
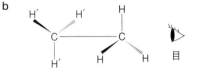

図9・8 木挽き台モデルとニューマン投影式
木挽き台モデルにおいて、実線 ── で表した結合は紙面に乗っており、くさび形 ◤ で表した結合は紙面から手前に飛び出し、点線のくさび形 ⋯⋯ で表した結合は紙面の奥に伸びることを意味する。

9・3・2 立体配座異性体

この **a**、**b** の例のように、結合回転によって現れる異性を立体配座異性体（回転異性体）という。重なり形では水素間の立体反発があるので高エネルギー（不安定）であり、ねじれ形の方が低エネルギーである。**図9・9**はエタンの結合回転によるエネルギー変化を表したものである。回

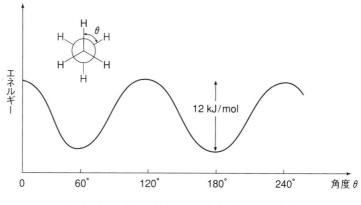

図 9・9　エタンの結合回転によるエネルギー変化

転角度が 60° ごとにエネルギーが変化していることがわかる。このように、配座異性体のエネルギー的な相違は小さいので、一般に配座異性体を分離して単離することはできない。

　シクロヘキサンは平面型ではなく、折れ曲がった立体的な形をしている。その形には舟形といす形があり、C–C 結合の回転によって相互変換するが、重なり配座のない いす形 の方が安定である（**図 9・10**）。

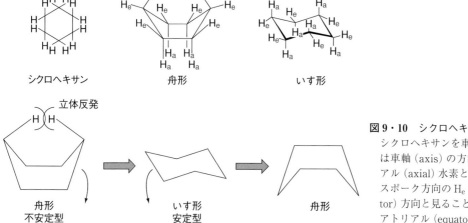

シクロヘキサン　　　　　舟形　　　　　　　いす形

図 9・10　シクロヘキサンのいす形・舟形
シクロヘキサンを車輪に見立てると、H_a は車軸（axis）の方向を向くのでアキシアル（axial）水素という。また、車輪のスポーク方向の H_e は地球の赤道（equator）方向と見ることもできるので、エクアトリアル（equatorial）水素という。

9・4　エナンチオマー（鏡像異性体）

　結合回転以外の立体的な原因で現れる異性体を立体配置異性体という。立体配置異性体にはエナンチオマー（鏡像異性体）とジアステレオマーがある。

9・4・1　エナンチオマー（鏡像異性体）

図 9・11 の化合物は、1 個の炭素に互いに異なる 4 種の置換基 W、X、Y、Z が結合したものである。このように 4 種の異なる置換基が結合した炭素を特に**不斉炭素**という。不斉炭素を持つ分子の構造には図に示したように a、b の二種類がある。

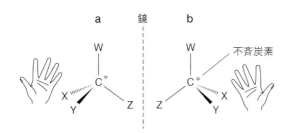

図 9・11　鏡像異性体

a、b は右手と左手の関係のように、鏡に映した鏡像は互いに重なる。しかし、実体は決して重なることはなく、互いに構造の異なる化合物（異性体）である。このような関係にある異性体を特に**エナンチオマー**、あるいは**鏡像異性体**という[*6]。

タンパク質を構成するアミノ酸は 1 個の炭素に適当な置換基 R、水素原子 H、アミノ基 NH_2、カルボキシ基 $COOH$ という互いに異なる 4 種の置換基が付いているため、一般に D 体、L 体と呼ばれる鏡像異性体が存在する（**図 9・12**）。しかし、天然に存在するタンパク質を構成するアミノ酸は、極めて少数の例外を除いて全てが L 体であることが知られている[*7]。

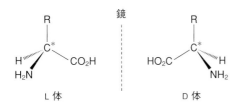

図 9・12　アミノ酸の D 体・L 体

9・4・2　エナンチオマーの性質

エナンチオマーには独特の性質がある。

A　ラセミ体

エナンチオマーの化学的性質は全く同じである。そのため、エナンチオマーを持つ可能性のある化合物を通常の化学的手段で合成すると、エ

*6　鏡像異性体の片方だけを優先的に合成することを不斉合成という。光学活性な触媒を用いると可能になる。2001 年に野依良治がノーベル化学賞を受賞したのは不斉合成研究の業績によるものであった。

*7　生体に L 体のアミノ酸だけが存在する理由は不明である。ヒトの心臓が左側にある理由と同じように、解き明かせない謎の一つであろう。

Column 光学分割：パスツール

　細菌学者として有名なパスツールは、また鏡像異性体の研究でも大きな業績を残している。彼は酒石酸誘導体の結晶に二種類の構造があることに気づき、それぞれを肉眼で観察しながら分離した。酒石酸には鏡像異性体が存在し、それぞれが対称な構造を有していた（**図**）。パスツールが分離したものはそれぞれの鏡像異性体であり、これは最初の光学分割の例となった。

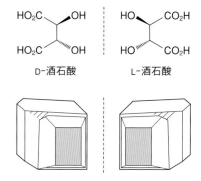

D-酒石酸　　　　L-酒石酸

酒石酸誘導体の二種類の結晶

　ナンチオマーの１:１混合物が生成する。このような混合物をラセミ混合物、あるいは**ラセミ体**という。ラセミ体を両方の異性体に分離することをラセミ分割、あるいは光学分割というが、通常の化学的手段で行うことは不可能である。

B　生理的性質

　エナンチオマーは互いに生体に対する影響が異なることが知られている。グルタミン酸ナトリウム塩（味の素）はアミノ酸の一種であり、人間はL体に対しては旨みを感じるがD体に関してはそのようなことがない。

Column サリドマイド

　アザラシ症候群の原因となった睡眠剤サリドマイドは図のような構造であり、鏡像異性体 **a** と **b** が存在した。このうち、片方は睡眠効果を持つが、もう片方が催奇形性を持っていたものと考えられる。市販されたのは両者の混合物であった。しかし、体内に入ると両者は半減期（半分がラセミ化する時間）10 時間ほどで互いに異性化し、**a** は **b** となり、**b** は **a** となるので、たとえ **a** と **b** を分離したとしても意味はなかったことになる。

　その後、サリドマイドはハンセン病やがんの治療に効果があることがわかり、医師の厳重な管理の下に治療薬として用いられている。

Column　偏　光

光は電磁波の一種であり、横波なので振動面を持っている。この振動面の方向（傾き）を円の直径で表す。普通の光はあらゆる方向の振動面を持った光の集合体である。しかしこの光をスリットに通すと、偏光面が同一の光だけを選択的に取り出すことができる（**図**）。このような光を偏光という。

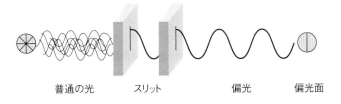

普通の光　　　スリット　　　　　偏光　　　偏光面

C　光学的性質（図 9・13）

分子 **A**、**B** は互いにエナンチオマーの関係にあるとしよう。**A** の溶液に偏光を照射すると、その振動面は右方向に θ 度だけ回転させられる。それに対して、**B** に照射した偏光は反対方向の左方向にやはり θ 度回転させられる。

このような現象を旋光といい、角度 θ を旋光度、旋光性を示す物質を**光学活性物質**という。それに対して、**A** と **B** の 1：1 混合物すなわちラセミ体に偏光を照射しても旋光することはない。このような物質を**光学不活性物質**という。

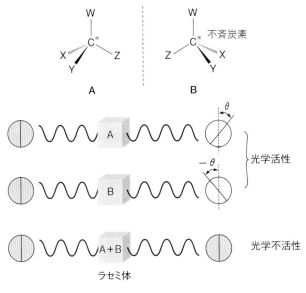

図 9・13　エナンチオマーの光学的性質

9・5 **ジアステレオマー**

　立体配置異性体のうち、エナンチオマー以外の異性体をジアステレオマーという。

9・5・1　シス-トランス異性

　一組の握手でできた単結合は回転できる。しかし二組の握手でできた二重結合は回転できない。そのために化合物 **A**、**B** は互いに変換できず、異なる化合物ということになる。この場合、同じ置換基が二重結合の同じ側にあるものを**シス体**、反対側にあるものを**トランス体**といい、このような異性体を**シス-トランス異性**[*8]という（**図9・14左**）。

　図9・5で見た C_5H_{10} の異性体のうち、**2a** と **2b** がシス-トランス異性になっている。すなわち、**2a** では水素 H が反対側にあるのでトランス体であり、**2b** では同じ側にあるのでシス体である（**図9・14右**）。

　シス-トランス異性体では、高温にする、あるいは紫外線を照射するなどしてエネルギーを与えると異性化を起こすことがある。

*8　一般にシス体では二重結合の同じ側に大きな置換基が並ぶことになるので立体反発が起こる。そのためシス体が不安定、トランス体が安定になることが多い。

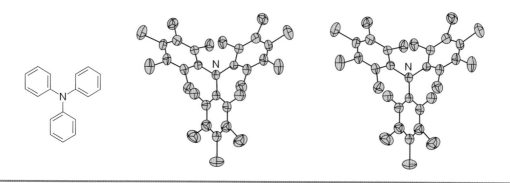

図9・14　シス-トランス異性

Column **立体構造の3D図**

　現在では単結晶X線解析という手法を使って、分子の立体構造を3D図で表すことができる。

　ステレオ図を見る見方には、鼻先で見る目付きで見る交差法と、遠方を見る目付きで見る平行法がある。本図は平行法で見るように描いてある。

9・5・2 環状化合物におけるシス-トランス異性

環状化合物においてもシス-トランス異性は存在する。C_5H_{10} の異性体のうち、三員環に 2 個のメチル基が結合した **10** には、2 個のメチル基がともに環平面に対して同じ側にある **10a** と、反対側にある **10b** が存在する。この場合にも同じ側にある **10a** をシス体と呼び、反対側にある **10b** をトランス体と呼ぶ（**図9・15**）。

ところで、**10b** には **10b-1** と **10b-2** があるが、この違いはなんであろうか。それは鏡像異性体の違いである。図からわかるように、**10b-1** と **10b-2** は互いに鏡像の関係になっており、異なる化合物なのである。

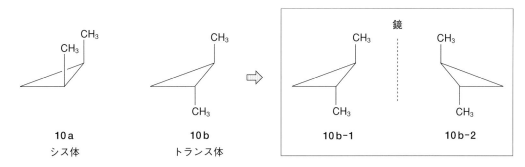

図9・15 環状化合物のシス-トランス異性

演 習 問 題

9.1 分子式 C_6H_{14} の異性体全てを構造式で示せ。

9.2 分子式 C_4H_8 の異性体全てを構造式で示せ。

9.3 分子式 C_3H_6O の異性体全てを構造式で示せ。

9.4 分子式 C_3H_7N の官能基異性体を構造式で示せ。

9.5 ベンゼンにカルボキシ基とヒドロキシ基が付いた異性体全てを構造式で示せ。

9.6 ベンゼンにニトリル基、ニトロ基、メチル基が互いにメタの関係で付いた異性体全てを構造式で示せ。

9.7 ブタン CH_3-CH_2-CH_2-CH_3 を中央の C-C 結合で回転した配座異性体のうち、最も安定なもの、最も不安定なもの、それぞれをニューマン投影式で示せ。

9.8 1 個の炭素にメチル基、エチル基、フェニル基、ビニル基が付いた鏡像異性体の構造式を示せ。

9.9 次の化合物で、鏡像異性体の存在するのはどれか。

　2-ブタノール、2-プロパノール、2-ペンタノール、3-ペンタノール

9.10 身の回りで偏光を用いているものをあげよ。

第10章 有機化学反応

分子の重要な性質の一つは、化学反応を起こしてほかの分子に変化するということである。化学反応では、分子の構造が変化すると同時に分子の持つエネルギーも変化する。この結果、化学反応には発熱や吸熱のようなエネルギー変化が現れる。

有機化合物の起こす反応を有機化学反応という。生体で起こる反応を特に生化学反応というが、これの多くも有機化学反応である。有機化学を利用して新しい有機化合物を作る研究を有機合成化学という。

10・1 化学反応

分子がほかの分子に変化することを**化学反応**という。化学反応には分子構造の変化という側面と、分子エネルギーの変化という側面がある。

10・1・1 化学反応とエネルギー

分子は結合エネルギーや結合の振動による振動エネルギーなど、多くのエネルギーを持つ。分子の持つエネルギーのうち、重心の移動に基づく運動エネルギー以外のものをまとめて**内部エネルギー**と呼ぶ[*1]。

化学反応 A→B では、分子の構造が A から B に変化すると同時に、分子の持つエネルギーも分子 A のエネルギー E_A から分子 B のエネルギー E_B に変化する。A が多くの内部エネルギーを持つ高エネルギー分子であり、B が低エネルギー分子の場合には、反応に伴って余分になったエネルギー ΔE が外部に放出される。反対に A が低エネルギー、B が高エネルギーの場合には外部からエネルギーが吸収される（**図 10・1**）。

反応に伴って外部にエネルギーが放出される反応を**発熱反応**、外部からエネルギーが吸収される反応を**吸熱反応**といい、このようなエネ

*1 内部エネルギーには原子核エネルギー、電子エネルギー、結合エネルギー、結合の伸縮振動、回転エネルギーなど多くの種類があり、その全てを知ることは現代化学でも不可能である。しかし化学にとって必要なのは、内部エネルギーの総量ではなく変化量（エネルギー差）である。

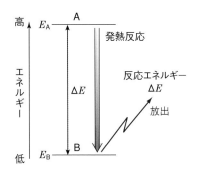
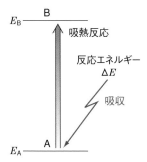

図 10・1　化学反応とエネルギー

ギーを**反応エネルギー**という。

10・1・2　試薬と反応

　化学反応には、1個の分子が自分自身で変化する一分子反応（単分子反応）と、2個の分子が相互作用することによって起こる二分子反応がある。原子核が崩壊する反応は典型的な一分子反応であり、炭（炭素）が酸素と反応（燃焼）する反応は二分子反応である[*2]。

　二分子反応では、相手を攻撃する試薬分子と攻撃される基質分子に分けて考えることができる。正に荷電した基質を攻撃する試薬を**求核試薬**、その反応を**求核反応**といい、負に荷電した基質を攻撃する試薬を**求電子試薬**、その反応を**求電子反応**という[*3]（**図10・2**）。

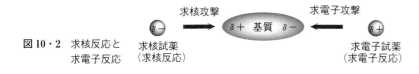

図10・2　求核反応と　　求電子反応

10・1・3　反応速度

　一分子反応 A→B では、反応が進行すると出発物質 A の濃度 [A] は減少し、反対に生成物 B の濃度 [B] は増加するが、両者の濃度の和は常に A の最初の濃度（初濃度）$[A]_0$ に等しい（**図10・3**）。

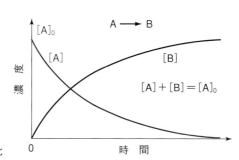

図10・3　一分子反応の濃度変化

　化学反応には、爆発反応のように瞬時で完結する速い反応もあれば、ナイフが錆びるように何年もかかって進行する遅い反応もある。反応の速度を**反応速度**という。一分子反応の反応速度の多くは下の反応速度式で表される。ここで比例定数 k を速度定数といい、k の大きいものほど速い反応ということになる。

$$A \longrightarrow B$$
$$反応速度 \quad v = -\frac{d[A]}{dt} = \frac{d[B]}{dt} = k[A] \quad k：速度定数$$

[*2]　3個の分子 A、B、C が衝突して起こす三分子反応も考えられるが、3個の分子が同時に衝突する確率は非常に小さい。多くは A と B が衝突し、その生成物に C が衝突するという、二分子反応が連続したことによる反応である。

[*3]　反応する A、B のどちらを基質とし、どちらを試薬とするかについては、厳密な規則はない。一般に、
　① 小さい方
　② イオン
　③ C、H 以外の原子を持つ方
を試薬とすることが多いが、
　④ 反応において注目する方
を試薬とすることもある。

A の濃度が最初の濃度の半分になるのに要する時間を半減期 $t_{1/2}$ という。反応時間が半減期の二倍だけ経過すれば、A の濃度は最初の半分の半分、すなわち 1/4 となる[＊4]。半減期の短い反応は速い反応、すなわち反応速度の大きい反応である（**図 10・4**）。

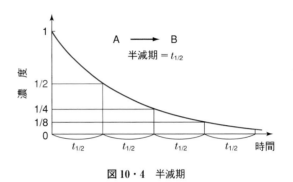

図 10・4　半減期

10・1・4　遷移状態と活性化エネルギー（図 10・5）

炭を燃やすにはマッチで火を着ける必要がある。炭の燃焼は発熱反応であり、進行すれば熱を放出する反応である。このような反応を進行させるのに、外部から熱を与えなければならないのはなぜだろうか。

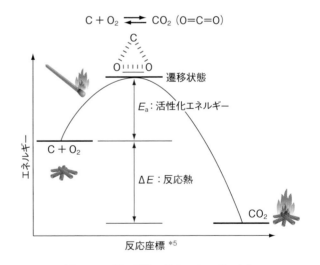

図 10・5　炭の燃焼に伴うエネルギー変化

＊5　反応の進行度合いを表す尺度を反応座標という。

それは反応の出発物（C＋O$_2$）と生成物（CO$_2$）の構造を見るとわかる。CO$_2$ の分子構造は O＝C＝O であり、C は酸素分子 O＝O の中央に割って入っている。このような構造になるためには、途中で三角形型の構造を経由する必要がある。しかしこの構造では O-O 間の結合は切れかかっており、C-O 間の結合はまだ完成していない。そのためこの構造

はエネルギーの高い不安定状態である。

　このような反応の途中に現れる高エネルギー状態を一般に**遷移状態**[*6]といい、遷移状態に達するために必要とされるエネルギーを**活性化エネルギー** E_a という。すなわち、炭を燃やすためにマッチで火を着けたのはこの活性化エネルギーを供給するためだったのである。ただし、反応が進行してしまえば、次の活性化エネルギーは反応エネルギー（反応熱、燃焼熱）ΔE によって自動的に補われることになる。

　一般に活性化エネルギーの大きい反応は進行しにくい反応であり、小さい反応は進行しやすい反応である[*7]。

10・1・5　反応の種類

　化学反応には多くの種類があるが、反応速度の点から重要なものをいくつか見てみよう。

A　平衡反応

　反応 A⇄B のように、反応が右方向にも左方向にも進行するものを**可逆反応**という。それに対して、A→B や B→A のように、片方にしか進行しないものを**不可逆反応**という。

　図10・6 は可逆反応の濃度変化を表したものである。A の濃度は反応の当初には減少するが、やがて B が A に戻るので減少の速度は遅くなり、ついには濃度一定になる。B の濃度も同様である。

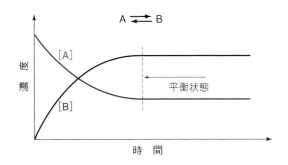

図10・6　可逆反応の濃度変化

　このように濃度一定になった状態を**平衡状態**という。平衡状態では、決して反応が起こっていないのではない。反応は起こっているが、見かけの変化がないだけなのである。人口もこのような状態である。生まれる者も亡くなる者もいる（反応進行中）のだが、両方がつり合っているため人口（見かけの変化）がほぼ一定になっているのである。

B　多段階反応

　反応には A→B→C→D→… のように次々に連続するものがある。

*6　遷移状態は高エネルギーの不安定な状態なので、次項で見る中間体と違って、取り出して調べることはできない。

*7　速度定数 k は E_a を使って次の式で表される。
$$k = A \exp(-E_a/RT)$$
$$= A e^{-E_a/RT}$$
この式は一般に E_a が大きいと k が小さくなることを示す（A は頻度因子と呼ばれる定数、R は気体定数、T は熱力学温度、e は自然対数の底（ネイピア数）である）。また、T が高く（大きく）なると k は大きくなって反応速度が速くなることも示す。

入るお湯の量と出るお湯の量がつり合っているのが平衡状態である。

このような反応を全体として**逐次反応**あるいは**多段階反応**といい、個別の反応をそれぞれ**素反応**という。

a）中間体

多段階反応 A→B→C→D→… の途中に現れる B、C などはそれぞれ素反応 A→B、B→C の生成物であり、一般に**中間体**と呼ばれる[*8]。素反応はそれぞれが独立した反応なので、それぞれに遷移状態が存在する。反応 A→B→C における中間体と遷移状態の関係を**図 10・7**に示した。遷移状態と中間体の違いは、前者はエネルギーダイヤグラム[*9]の極大（頂上）にあり、後者は極小（谷）にあるということである。このため、中間体は単離して調べることができるが、遷移状態は単離できない。

*8　中間体と遷移状態が違うものであることは心に留めておくべきである。

*9　エネルギーを表したグラフを一般にエネルギーダイヤグラムという。

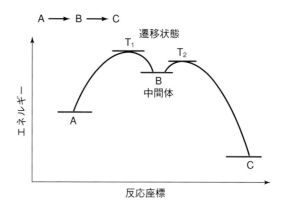

図 10・7　多段階反応の遷移状態と中間体

b）律速段階

多段階反応 A→B→C→D において、第一段階は 1 秒で完結する速い反応、第二段階は 10 時間かかる遅い反応、第三段階は 1 分で終わる反応としよう。全体が終了するのに 10 時間 1 分 1 秒かかることになる。この反応時間はほとんど全てが第二段階の反応によるものである。このように、多段階反応の反応時間（反応速度）は最も遅い反応段階によって支配される。この意味で、最も遅い反応段階を**律速段階**と呼ぶ[*10]。

$$A \xrightarrow{\text{1秒}} B \xrightarrow{\text{10時間}} C \xrightarrow{\text{1分}} D$$
律速段階

C　触媒反応

触媒とは、反応の生成物を変化させず、自身も変化しないが、反応速度を速くするもののことをいう[*11]。生化学反応における**酵素**は典型的な触媒である（13・4・2 項参照）[*12]。**図 10・8**は、反応 A→B において、普通の反応と触媒を用いた場合の遷移状態と活性化エネルギーの違いを表

*10　グループ登山では最も足の遅い人を先頭に立てる。そうしないと遅い人は置いてきぼりを食って遭難につながるからである。この場合、この足の遅い人がグループ全体の登山速度を決める律速段階（人？）ということになる。

最も足の遅い人
（律速段階）
頂上

*11　反応速度を遅くする触媒を「触媒毒」という。

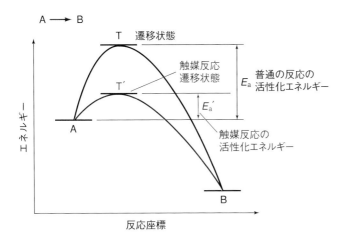

図 10・8　触媒反応のエネルギー変化

したものである。触媒を用いると遷移状態 T' が低エネルギーとなり、それに伴って活性化エネルギー E_a' も小さくなっていることがわかる。

　すなわち触媒とは、反応の活性化エネルギーを小さくすることによって反応を進行しやすくし、速度を高める物質なのである[13]。

10・2　有機物の酸化還元反応

　7・3、7・4節で見たように、**酸化還元反応**は化学において重要な概念であるが、有機化学においても重要なものである[14]。酸化還元反応は酸素が関与する反応であることが多いが、そればかりではない。

10・2・1　酸化還元反応の種類

　有機化学反応における酸化還元反応では、酸素、水素、電子が関与するものが重要となることが多い。それぞれの場合を簡単にまとめてみよう（**図 10・9**）。

○酸素

　物質が酸素と結合した場合、その物質は酸化されたという。

　物質が酸素を放出した場合、その物質は還元されたという。

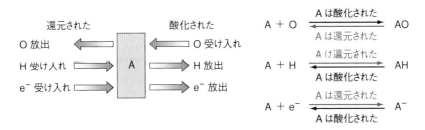

図 10・9　酸化と還元

*12 酵素はタンパク質でできた触媒であり、酵素反応は触媒反応と考えることができる。

*13 触媒の働きは反応の速度を変化させるだけではない。触媒がなければ進行しない反応もある。また、逐次反応の数段階をまとめて進行させる触媒もある。現代化学において触媒は不可欠である。

*14 本書では「酸化する」「還元する」という言葉は他動詞としてのみ使用する。
×「鉄が酸化して（自動詞）錆びた」→ ○「鉄が酸化されて（他動詞、受動態）錆びた」
○「酸素が鉄を酸化した（他動詞、能動態）」

○水素

物質が水素と結合した場合、その物質は還元されたという。

物質が水素を放出した場合、その物質は酸化されたという。

*15　酸化還元反応の本質は電子の授受である。

○電子[*15]

物質が電子を受け入れた場合、その物質は還元されたという。

物質が電子を放出した場合、その物質は酸化されたという。

10・2・2　有機物の酸化還元反応

酸化還元反応は有機物においても重要である。

A　官能基の酸化還元

アルコールを酸化するとアルデヒドとなり、アルデヒドをさらに酸化するとカルボン酸となる。この逆の反応が還元反応となる[*16]。

*16　アルコールとアルデヒドの間の反応は水素数の増減、アルデヒドとカルボン酸の間の反応は酸素数の増減で判断するとわかりやすい。

$$R\text{-}CH_2OH \underset{\text{還元}}{\overset{\text{酸化}}{\rightleftharpoons}} R\text{-}C\overset{O}{\underset{H}{}} \underset{\text{還元}}{\overset{\text{酸化}}{\rightleftharpoons}} R\text{-}C\overset{O}{\underset{OH}{}}$$

アルコール　　　　　アルデヒド　　　　　カルボン酸

$$CH_3\text{-}OH \rightleftharpoons H\text{-}C\overset{O}{\underset{H}{}} \rightleftharpoons H\text{-}C\overset{O}{\underset{OH}{}}$$

メタノール　　　ホルムアルデヒド　　　　ギ酸

$$CH_3CH_2\text{-}OH \rightleftharpoons CH_3\text{-}C\overset{O}{\underset{H}{}} \rightleftharpoons CH_3\text{-}C\overset{O}{\underset{OH}{}}$$

エタノール　　　　アセトアルデヒド　　　　酢酸

B　二重結合の酸化還元

二重結合を持つ分子をオゾン O_3 で酸化すると 2 分子のケトンになる。また過マンガン酸カリウム $KMnO_4$ で酸化するとヒドロキシ基が 2 個導入されたジオールとなり、過酸[*17] で酸化すると酸素の入った三員環化合物、エポキシドが生成する。

*17　カルボン酸

$$R\text{-}\overset{O}{\overset{\|}{C}}\text{-}O\text{-}H$$

に酸素が加わった化合物

$$R\text{-}\overset{O}{\overset{\|}{C}}\text{-}O\text{-}O\text{-}H$$

を一般に過酸という。過酸には不安定で爆発性を持つものがあるので、取り扱いには充分な注意が必要である。

$$\underset{R}{\overset{R}{}}C=C\underset{R}{\overset{R}{}} \xrightarrow{O_3} 2\ \underset{R}{\overset{R}{}}C=O$$

ケトン

$$\underset{R}{\overset{R}{}}C=C\underset{R}{\overset{R}{}} \xrightarrow{KMnO_4} R\text{-}\underset{R}{\overset{OH}{\overset{|}{C}}}\text{-}\underset{R}{\overset{OH}{\overset{|}{C}}}\text{-}R$$

ジオール

$$\underset{R}{\overset{R}{}}C=C\underset{R}{\overset{R}{}} \xrightarrow[過酸]{R\text{-}\overset{O}{\overset{\|}{C}}\text{-}O\text{-}OH} R\text{-}\underset{R}{\overset{}{C}}\overset{O}{\diagup\diagdown}\underset{R}{\overset{}{C}}\text{-}R$$

エポキシド

　二重結合の還元反応は二重結合に水素が付加する反応であるが、これについては 10・4・2 項で見ることにしよう。

10・3　置換反応

　置換基 X がほかの置換基 Y に置き換わる反応を**置換反応**という。

$$\text{R-X} + \text{Y}^- \xrightarrow{\text{求核置換反応}} \text{R-Y} + \text{X}^-$$
求核試薬

10・3・1　求核置換反応[*18]

　反応試薬 Y が求核性の場合、Y が起こす置換反応を**求核置換反応**という。アルコールが塩化物に換わる反応などがある。

$$\text{R-OH} + \text{Cl}^-(\text{HCl}) \longrightarrow \text{R-Cl} + \text{OH}^-$$
アルコール　求核試薬　　　　　　　塩化物

$$\text{R-CO-NH}_2 + \text{OH}^-(\text{NaOH}) \longrightarrow \text{R-CO-OH} + \text{NH}_2^-$$

10・3・2　求電子置換反応[*19]

　反応試薬 Y が求電子性の場合、Y が起こす置換反応を**求電子置換反応**という。求電子置換反応の代表的な例はベンゼンなどの芳香族で起こる反応であり、これは特に芳香族置換反応ともいわれる。

　ベンゼンに硫酸 H_2SO_4 存在下で硝酸 HNO_3 を作用させるとニトロベンゼンが生成する。これは、硝酸から発生した求電子試薬であるニトロニウムイオン NO_2^+ がベンゼンを求電子攻撃して、その水素をニトロ基で置換したものである。

*19　試薬が負の電荷（陰イオン）に引かれる性質を「求電子性」という。

*20　求電子試薬を X^+ とすると反応は次のように進行する。

反応詳細[*20]

$$\text{HNO}_3 \xrightarrow{\text{H}_2\text{SO}_4} \text{NO}_2^+ + \text{OH}^-$$
ニトロニウム
イオン

同様に、ベンゼンに硫酸を作用させるとベンゼンスルホン酸が生じる。求電子試薬は硫酸から生じた陽イオン SO_3H^+ である。

ベンゼンスルホン酸

ベンゼンに塩化アルミニウム $AlCl_3$ 存在下、塩化アルキル R-Cl を作用するとアルキルベンゼンが生成する[21]。この反応ではアルキル陽イオン R^+ が求電子試薬として作用している。また、塩化鉄 $FeCl_3$ 存在下で塩素 Cl_2 を作用すると、塩素陽イオン Cl^+ が反応してクロロベンゼンが生じる。

アルキルベンゼン

クロロベンゼン

10・4　脱離反応と付加反応

大きな分子から小さな分子が抜け出る反応を脱離反応という。抜け出た跡は多くの場合二重結合などの不飽和結合となる。反対に不飽和結合にほかの分子が結合する反応を付加反応という。

10・4・1　脱 離 反 応

脱離反応には 1 個の分子から 1 個の分子が脱離する**分子内脱離反応**と、2 個の分子の間から 1 個の分子が脱離する**分子間脱離反応**がある。

A　分子内脱離反応

塩化物から塩化水素 HCl が脱離すると、脱離した跡が二重結合となってアルケンが生成する。2 個の塩素を持つ塩化物から 2 分子の HCl が脱離すると三重結合を持つアルキンとなる。

塩化物　　　　　　　　　アルケン

*21　人名反応
化学反応にはその反応の発見者あるいは開発者の名前が付いたものがあり、このような反応を一般に人名反応という。人名反応には重要な反応が多い。塩化アルキルと塩化アルミニウムを用いてアルキルベンゼンを作る反応は、発見者二人の名前をとってフリーデル–クラフツ反応と呼ばれる。

*22　ベンゼン環を表す六角形の各頂点には 1 個ずつの水素原子 H が存在することを忘れてはいけない（表 8・4 (p.74) 参照）。

$$\underset{\substack{| \quad |\\ Cl \quad H}}{\overset{\substack{H \quad Cl\\ | \quad |}}{RC-CR}} \longrightarrow RC{\equiv}CR + 2HCl$$
アルキン

また、アルコールから水が脱離しても同様にアルケンとなる。このように水が脱離する反応を特に**脱水反応**という[23]。エタノールが脱水反応を行うとエチレンとなる。

$$CH_3-CH_2-OH \longrightarrow H_2C{=}CH_2 + H_2O$$
エタノール　　　　　　　　　エチレン

*23　分子間脱水反応によって2個の分子が連結する反応を一般に脱水縮合反応という。次に見るエーテル化、エステル化、アミド化は脱水縮合反応の一種である。

B　分子間の脱離反応

2個の分子の間から小分子が脱離して、最初の2個の分子が連結される反応である。

a）エーテル化

2分子のアルコールの間から1分子の水が脱離すると**エーテル**が生成する[24]。グルコースのような単糖類からマルトースのような二糖類ができる反応も分子間脱水反応であり、2個の単糖類残基はエーテル結合で連結している。

ジエチルエーテルは沸点が低く（35℃）、引火性の強い液体である。有機物を溶かす力が強いので、各種溶媒として用いられる。麻酔性があり、かつては全身麻酔剤として使われたこともある。

$$R{-}O{-}H \quad H{-}O{-}R \xrightarrow[\text{エーテル化}]{-H_2O} R{-}O{-}R$$
アルコール　　　　　　　　　　　　　　　エーテル

グルコース　　　　グルコース　　　　　　　マルトース（麦芽糖）

このように、2分子の間で脱水反応が起こり、その結果最初の2分子が連結される反応は一般に**脱水縮合**と呼ばれる。脱水縮合反応は高分子を作る際に重要となる反応である。

b）カルボン酸無水物化

形式的に2分子のカルボン酸から脱水した構造の分子は一般に酸無水物と呼ばれる。酢酸から脱水したものは無水酢酸と呼ばれる[25]。

*25　無水酢酸は左図のように酢酸とは異なる分子である。しかし無水エタノールはエタノールから不純物として水を除いたものであり、したがって無水エタノールは「純度の高いエタノール」である。無水酢酸と無水エタノール、同じ「無水」でも意味するところはまったく異なる（8・4・4項参照）。

$$\underset{\text{酢酸}}{CH_3{-}\overset{\overset{O}{\|}}{C}{-}O{-}H \quad H{-}O{-}\overset{\overset{O}{\|}}{C}{-}CH_3} \xrightarrow{-H_2O} \underset{\text{無水酢酸}}{CH_3{-}\overset{\overset{O}{\|}}{C}{-}O{-}\overset{\overset{O}{\|}}{C}{-}CH_3}$$

＊26　酢酸エチル
　酢酸とエタノールからできるエステル、酢酸エチルは一般にサクエチと呼ばれ、有機物を溶かす力が強いので各種有機溶媒として多用された。一般にはかつてペンキなどの塗料の希薄用溶剤（一般名：シンナー）の成分として使われた。しかしその蒸気を過度に吸引すると意識混濁、妄想などの害を引き起こすことがわかったため、現在は一般の使用を禁じられている。

$$CH_3-C-O-H \quad H-O-C_2H_5$$
酢酸　　　　エタノール

$$\xrightarrow{-H_2O} \quad CH_3-C-O-C_2H_5$$
酢酸エチル

c）エステル化

　カルボン酸とアルコールの間から脱水したものは一般に**エステル**と呼ばれ、この反応は**エステル化**反応と呼ばれる[26]。一般にエステルは良い香りを持つものが多く、果実にも含まれる。反対にエステルが水と反応して元のカルボン酸とアルコールに分解する反応を（エステルの）**加水分解**反応という。

$$R-C-O-H \quad H-O-R \underset{\text{加水分解}}{\overset{-H_2O（エステル化）}{\rightleftharpoons}} R-C-O-R$$

d）アミド化

　カルボン酸とアミンの間の脱水によって生じたものは**アミド**、その反応は**アミド化**と呼ばれる。

　生体ではアミノ酸がそのカルボキシ基とアミノ基の間で脱水縮合、すなわちアミド化してタンパク質になる。アミノ酸の間のアミド化は特に**ペプチド化**と呼ばれる。そして、その結果生じたアミノ酸 2 分子の脱水縮合体はジペプチド、多くのアミノ酸が縮合したものはポリペプチドと呼ばれる。

$$R-C-O-H \quad H-N-R \xrightarrow[\text{アミド化}]{-H_2O} R-C-N-R$$
カルボン酸　　アミン　　　　　　　　　アミド

$$H-N-C-C-O-H \quad H-N-C-C-O-H \xrightarrow[\text{ペプチド化}]{-H_2O} H-N-C-C-N-C-C-O-H$$
アミノ酸　　　　　　　　　　　　　　　　　　　　　　　ジペプチド

10・4・2　付 加 反 応

　二重結合、三重結合などの不飽和結合にほかの分子が結合する反応を**付加反応**という。

A　通常付加反応

　二重結合を持つ化合物に、パラジウム Pd などの金属触媒存在下、水素ガス H_2 を反応すると、二重結合に水素が結合してアルカンとなる[27]。この反応は特に接触水素化、あるいは接触還元と呼ばれる。"還元"という名称は水素と結合することによる。

＊27　二重結合を持つ液体の脂肪油を接触還元すると固体の硬化油になる（p.119 側注 8 参照）。

$$R_2C=CR_2 + H_2 \xrightarrow{Pd} R_2C-CR_2$$
アルカン

Column アスピリン

ベンゼンにカルボキシ基とヒドロキシ基が付いた化合物をサリチル酸という。サリチル酸の誘導体は柳の枝に含まれ、ギリシャ時代から薬用効果があることが知られていた。日本でも江戸時代から、虫歯が痛むときには柳の小枝を噛むとよい、などの民間療法があった。

サリチル酸に酢酸（無水酢酸）を作用させると、エステル化が起こってアセチルサリチル酸が生じる。これは商品名アスピリンの名のもとに、100年近くにわたって消炎鎮痛剤として用いられている。また、サリチル酸にメタノールを作用させるとサリチル酸メチルとなるが、これも筋肉の消炎剤として長い間使われ続けている。また、サリチル酸そのものも"魚の目取り"などに用いられている。サリチル酸（母）、アセチルサリチル酸（長女）、サリチル酸メチル（次女）は名薬の親子ということができよう。

二重結合には、水 H-OH、ハロゲン化水素 H-X（X：ハロゲン元素）などが付加する。

B 環状付加反応

ブタジエン誘導体にエチレン誘導体を反応すると、それぞれ2か所で結合して環状化合物、シクロヘキセンを生じる。このような反応を特に**環状付加反応**という。

演習問題

10.1 身の回りにある吸熱反応の例をあげよ。

10.2 水分子 H_2O、酢酸分子 CH_3COOH において、正に荷電している部分、負に荷電している部分を指摘せよ。

10.3 次の分子種を、a）求核試薬、b）求電子試薬、として作用するものに分類せよ。

Cl^-、NO_2^+、OH^-、$^+SO_3H$、R^+

10.4　次の図は反応 A→B における A の濃度変化を表したものである。曲線 a、b で反応速度の速い反応に対応するものはどちらか。

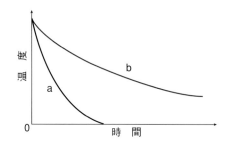

10.5　身の回りにある平衡状態の例をあげよ。

10.6　中間体と遷移状態の違いを説明せよ。

10.7　活性化エネルギーと反応エネルギーの違いを説明せよ。

10.8　律速段階とは何か、説明せよ。

10.9　物質 A の半減期は 1 時間である。最初計測したときは濃度 100 ％であった A が、次に計測したときに約 6 ％になっていた。この間に経過した時間は何時間か。

10.10　次の置換反応の生成物を構造式で示せ。

$$R-Cl + H_2O \longrightarrow A$$
$$R-OH + HCl \longrightarrow B$$
$$R-Cl + NH_3 \longrightarrow C$$

10.11　次の芳香族置換反応の生成物を構造式で示せ

$$\text{⟨benzene⟩} + CH_3Cl \xrightarrow{AlCl_3} A$$
$$\text{⟨benzene⟩} + HNO_3 \xrightarrow{H_2SO_4} B$$
$$\text{⟨benzene⟩} + H_2SO_4 \longrightarrow C$$

10.12　次の脱離反応の生成物を構造式で示せ。

$$\text{⟨phenyl⟩C(=O)-OH} + CH_3OH \longrightarrow A$$
$$\text{⟨phenyl⟩-OH} + CH_3-C(=O)-OH \longrightarrow B$$
$$CH_3-C(=O)-OH + CH_3-OH \longrightarrow C$$

10.13　次の付加反応の生成物を構造式で示せ。

$$CH_3CH=CH_2 + H_2 \longrightarrow A$$
$$H_2C=CH_2 + H_2O \longrightarrow B$$
$$R_2C=CR_2 + HCl \longrightarrow C$$

第11章　高分子化合物

　高分子化合物とは、一般にいうプラスチック（合成樹脂）のことを指す。しかしそれだけではない。ゴム、化学繊維、さらにはセルロースなどの多糖類、タンパク質、はては DNA までもが高分子なのである。

　身の回りを見わたせば、合成高分子だらけである。各種家電製品の外装、パソコンの外装、身に着けている衣服、部屋の壁紙など内装、それを接着する糊、さらには私たち自身、とほとんど全てが高分子化合物である。高分子とは何なのだろうか。

11・1　高分子化合物の種類

11・1・1　高分子と超分子

　分子が結合、あるいは集合してより高次な構造体になることがある。このような物に高分子と超分子がある[*1]（**図 11・1**）。

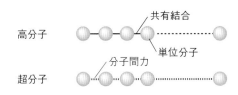

図 11・1　高分子と超分子の概念

A　高分子

　高分子は鎖のような分子である。鎖は長い物体だが、構造は簡単で、丸い輪がいくつもつながっただけである。高分子も同様で、高分子の分子は大変に長いが、簡単な構造の単位分子が共有結合で結合しただけである。

　一般に単位分子を**単量体（モノマー）**、高分子を**多量体（ポリマー）**という。また、単位分子が数個ないし数十個集まったものをオリゴマーと呼ぶこともある。

B　超分子

　単位分子が結合してできたものには、高分子とともに**超分子**がある。しかし超分子は、単位分子が共有結合ではなく、水素結合などの分子間力で集合したものである。

　シャボン玉は石けんの分子が集まったものであり、細胞膜と同様に分子膜でできた構造体である。ここでは多くの分子が集まっているが、それぞれの分子の間に共有結合は存在しない。そのため簡単に分解して元

*1　生体は高分子の超分子でできていると言ってよい。二重ラセンを作る 2 本（個）の分子は高分子であるが、二重ラセン構造は超分子である。

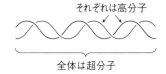

の（石けん）分子に戻ってしまう。DNA は高分子である長い 2 本の分子が水素結合で集合して二重ラセン構造の超分子を作っている。細胞膜は第 12 章、DNA の構造については第 14 章で詳しく見る。

11・1・2　高分子の種類

高分子の種類はたくさんあるが、**図 11・2** のように分類できる。

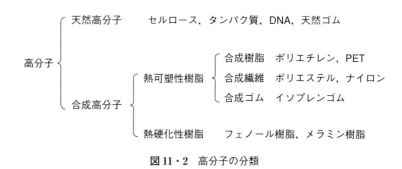

図 11・2　高分子の分類

○**天然高分子**：自然界にある高分子で、グルコースなどの単位分子からできるセルロース、デンプン、あるいはアミノ酸を単位分子とするタンパク質、核酸などがある。

○**合成高分子**：人間が人工的に作った高分子のことである。

○**熱可塑性高分子**（**熱可塑性樹脂**）：加熱すると軟らかくなる高分子であり、分子構造は単位分子が鎖状に結合した長鎖構造である。

○**合成樹脂**：高分子の分子が無秩序に集合したもので、一般にプラスチックと呼ばれる[*2]。

○**合成繊維**：高分子の分子が方向を揃えて束ねられたものであり、分子構造的には合成樹脂と同じものである。

○**ゴム**：伸縮性のある樹脂状の物体である。天然にあるものは天然ゴム、人工的に作ったものは合成ゴムと呼ばれる。

○**熱硬化性高分子**（**熱硬化性樹脂**）：加熱しても軟らかくならない高分子である。電気のコンセント、食器、鍋の取っ手、蓋のつまみなどに用いられる。分子構造は長鎖構造ではなく、網目構造となっている。

11・1・3　汎用樹脂とエンプラ

熱可塑性高分子の分類には**図 11・3** のような分類も用いられている。ピラミッドの上部になるほど性能が良くなり、価格も高くなる。

○**汎用樹脂**：家庭用の容器や家電製品の外装などに使われる樹脂である。

○**エンプラ**：エンジニアリングプラスチック（工業用樹脂）の略である。

*2　一般的には熱硬化性高分子もプラスチックに含めることが多い。

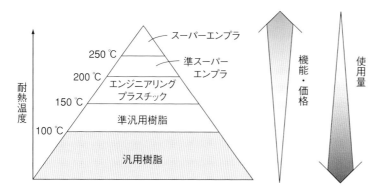

図11・3　熱可塑性高分子の分類

高温でも軟らかくなりにくく、機械的強度が高いなど、優れた性質を持つ。自動車のエンジン周りに使われるほど耐熱性の高いもの、防弾チョッキに使われるほど機械的強度の高いものなどが開発されている。エンプラをさらに準スーパーエンプラ、スーパーエンプラなどに細分することもある[3]。

11・2 高分子化合物の分子構造

高分子には多くの種類があるが、ここでは分子構造からみた違いを見てみよう。

11・2・1　ポリエチレン

ポリエチレンの“ポリ”はギリシャ語の数詞で“たくさん”の意味である。名前の通り、ポリエチレンはたくさんのエチレンからできた分子である。エチレンの炭素間結合を構成する二組の握手のうち一組が手をほどき、代わりに隣の分子と手をつなぐとポリエチレンになる（**図11・4**）。

このようにしてできたポリエチレンはCH_2単位が連続したものであり、アルカンの一種ということになる。**表11・1**はアルカンを構成する炭素数と一般名を表したものである。

11・2・2　ポリエチレン誘導体

エチレンに置換基の付いたものを一般にビニル誘導体という。エチレンからポリエチレンができるように、多くのビニル誘導体からも高分子ができている。その多くは汎用樹脂として欠かせないものである。一般に５大汎用樹脂といわれるものを**表11・2**にまとめた[4]。

○**ポリ塩化ビニル**：一般にエンビとも呼ばれる。ポリ塩化ビニルそのも

*3　次のものを５大エンプラという。

ポリエステル　PET

ポリアミド　ナイロン

ポリフェニレンエーテル

ポリアセタール

ポリカーボネート

*4　**低密度ポリエチレンと高密度ポリエチレン**

ポリエチレンは長鎖構造といわれるが、実際には多数の側鎖（枝分かれ）構造を持っている。枝の少ないものは集合しやすいので小体積、高密度となり、高密度ポリエチレンと呼ばれる。一方、枝分かれ構造の多いものは枝が邪魔になって集合しにくいので大体積、低密度となって低密度ポリエチレンと呼ばれる（表11・2参照）。

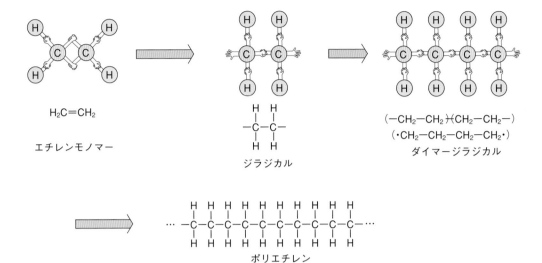

$H_2C=CH_2$

エチレンモノマー

ジラジカル

$(-CH_2-CH_2-)(CH_2-CH_2-)$
$(\cdot CH_2-CH_2-CH_2-CH_2\cdot)$
ダイマージラジカル

ポリエチレン

図 11・4　ポリエチレンの生成機構と構造

表 11・1　ポリエチレンを構成するアルカンの炭素数と一般名

名前	沸点（℃）	炭素数 n	用途
石油エーテル	30～70	6	溶剤
ベンジン	30～150	5～7	溶剤
ガソリン	30～250	5～10	自動車，航空機燃料
灯油	170～250	9～15	自動車，航空機燃料
軽油	180～350	10～25	ディーゼル燃料
重油	—	—	ボイラー燃料
パラフィン	—	＞20	潤滑剤
ポリエチレン	—	～数千	プラスチック

$(CH_2)_n$

のは硬い素材であるが、各種の可塑剤を加えることにより柔軟にすることができる。可塑剤の構造の例は**図 11・5**に示したようなもので、可塑剤の重量は製品塩化ビニルの重量の半分以上になることもある[*5]。

○**ポリスチレン**：ポリスチレンを発泡させて固めたものは発泡ポリスチレンと呼ばれ、断熱材や梱包の緩衝材として用いられる。

○**ポリプロピレン**：家庭用各種容器、家電製品の外装材、あるいはプラスチックテープなどに用いられる。PP と略記されることが多い。

○**ポリメタクリル酸メチル**：一般にアクリル樹脂と呼ばれる。透明度が高いので水族館の水槽、メガネ、コンタクトレンズなどに使われる。入れ歯の素材にも使われる。

***5　輸血ショック**
　かつて輸血のチューブに塩化ビニルが用いられ始めたころ、輸血を受けたものがショック状態に陥ることがあった。これは塩化ビニルに含まれる可塑剤が血液に溶けだし、患者の体内に入ったことによるものであった。

表 11・2　5大汎用樹脂

化学式	$+H_2C-CH+_n$ Cl	$+H_2C-CH_2+_n$		$+H_2C-CH+_n$ $\bigcirc$	$+H_2C-CH+_n$ CH_3	CH_3 $+H_2C-C+_n$ $COOCH_3$
名称	ポリ塩化ビニル	高密度ポリエチレン	低密度ポリエチレン	ポリスチレン	ポリプロピレン	ポリメタクリル酸メチル
単体	$H_2C=CH$ Cl	$H_2C=CH_2$	$H_2C=CH_2$	$H_2C=CH$ $\bigcirc$	$H_2C=CH$ CH_3	CH_3 $H_2C=C$ $COOCH_3$
用途	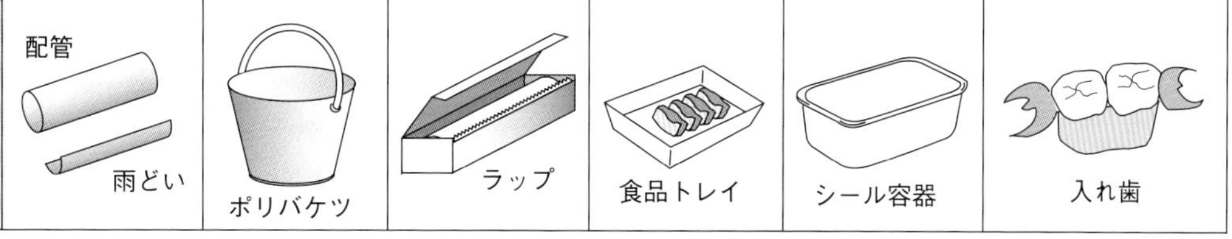 配管 雨どい	ポリバケツ	ラップ	食品トレイ	シール容器	入れ歯

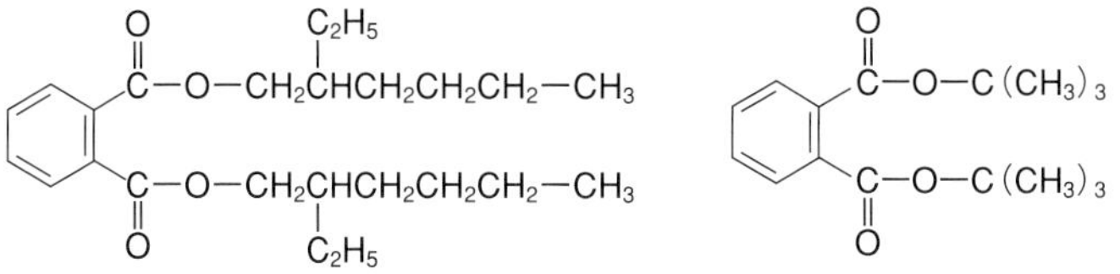

DOP（フタル酸ビス-2-エチルヘキシル）　　　DBP（フタル酸ジブチル）

図 11・5　可塑剤の例[*6]

*6　DOP はエステルのアルコール由来部分

C_2H_5
$-CH_2-CHCH_2CH_2CH_2-CH_3$

の炭素が 8 個（オクタ）なのでこのように略記される。

11・2・3　PET

　PET は polyethylene terephthalate の略であり、エチレングリコールとテレフタル酸という 2 種類の単位分子が脱水縮合したものである（図 11・6）。この結合はエステル結合なので、このような高分子を一般に**ポリエステル**と呼ぶことがある。

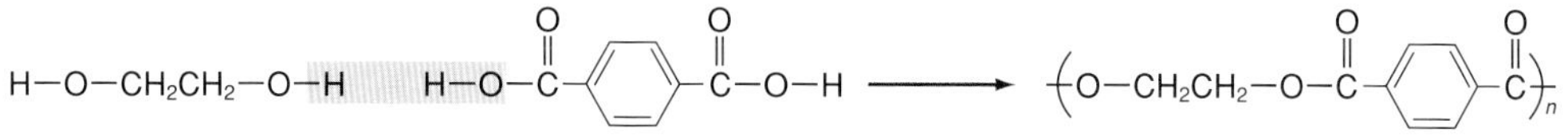

エチレングリコール　　　　　　　　テレフタル酸　　　　　　　　　　　　　PET

図 11・6　ポリエチレンテレフタラート（PET）の構造

11・2・4　ナイロン

　ナイロンはアメリカ、デュポン社のカロザースが開発したもので、アジピン酸とヘキサメチレンジアミンが脱水縮合したものである（**図 11・7**）。この結合はアミド結合なので、このような高分子を一般に**ポリアミド**と呼ぶ。

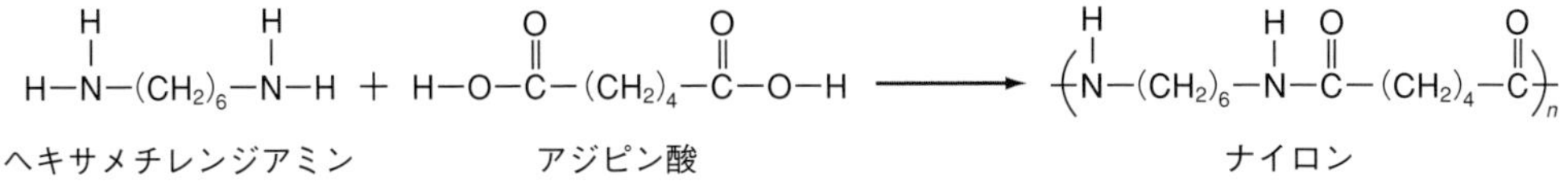
ヘキサメチレンジアミン
アジピン酸
ナイロン

図 11・7　ナイロンの構造

11・2・5　フェノール樹脂[*7]

フェノール樹脂は熱硬化性樹脂であり、フェノールとホルムアルデヒドから作る。フェノールには反応部位が 3 か所（オルト位 2 か所＋パラ位）あるので、できあがった分子構造は網目構造となる（**図 11・8**）。

＊7　フェノール樹脂はベークライトとも呼ばれ、世界で最初に発明された合成高分子である。生産が工業化に成功したのは 1910 年、ナイロンより 30 年近く早い。

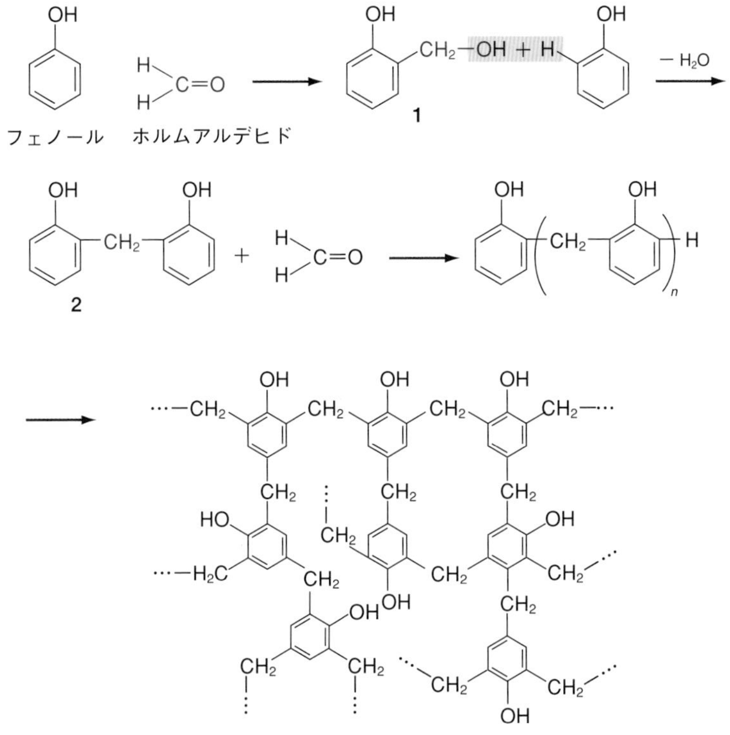
フェノール
ホルムアルデヒド
1
2

フェノール樹脂

図 11・8　フェノール樹脂の生成機構と構造[*8]

＊8　原料のホルムアルデヒド $CH_2{=}O$ は、**1** では $-CH_2-O-$ に変化し、**2** では O がなくなって $-CH_2-$ だけになっている。

Column　シックハウス症候群

熱硬化性樹脂の多くはホルムアルデヒドを原料とする。ホルムアルデヒドは毒性が強いが、製品の熱硬化性樹脂の分子構造にはホルムアルデヒドは存在しないので、製品に毒性は全くない。しかし製品の中に微量ながら未反応のホルムアルデヒドが残ることがあり、これが大気中にしみ出すとシックハウス症候群の原因となるといわれる。

11・3　高分子化合物の性質

高分子の特徴の一つは、化学的に同じ分子でも、集合状態によって異なる性質を持つことである。

11・3・1　プラスチック

図 11・9は合成樹脂、一般に**プラスチック**と呼ばれるものの分子の集合状態である。プラスチックにおける分子の集合状態は、一般に非晶質固体、アモルファス状態といわれるもので、無秩序である[9]。

しかし、その集合状態には二つの部分があることがわかる。一つは分子鎖が方向を揃えている部分である。このような部分を一般に結晶性部分という。それに対して、結晶性部分の両端にはまるで房のように乱雑になっている部分がある。ここを非晶性部分という。

結晶性部分では分子間隔が狭く、そのため分子間力が強く働き、その結果、機械的強度が高くなる。また、小さい分子が入り込む余地がないため、酸や塩基などの化学薬品にも強く、匂い分子をも遮断する。

一方、結晶性部分では光を反射するため、結晶性の高いプラスチックは光を乱反射するので透明性に欠けることになる[10]。

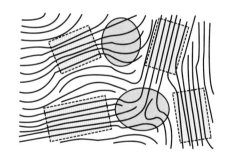

○ 非晶性部分
▢ 結晶性部分

図 11・9　プラスチックの分子の集合状態

11・3・2　合成繊維

高分子鎖の方向を強制的に揃えたものが**合成繊維**である。ポリエチレンの分子方向を揃えるとポリエチレン繊維となり、PET の分子方向を揃えると商品名テトロンなどのポリエステル繊維となる。

繊維状態では分子は緊密に束ねられた状態になるので前項で見た結晶状態となり（**図 11・10**）、化学的に同じ高分子でもプラスチック状態よりも強くなる。

合成繊維を作るには、加熱して溶融状態となった液体高分子を細いノズルから押し出し、出てきたものを高速ローラーで引っ張って延伸する（**図 11・11**）。このようにして分子鎖の方向を揃えるのである。

*9　ガラスもアモルファスの一種である。

*10　透明な氷を砕いてカキ氷にすると白く不透明になるのと同じ原理である。

図 11・10　合成繊維の結晶状態

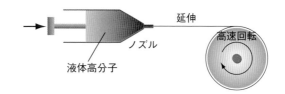

図 11・11　合成繊維の作り方

11・3・3　ゴ　ム

　天然ゴムはゴムの木から得られる樹脂を濃縮したもので、イソプレンの高分子である[11]（**図 11・12**）。ゴムの分子は普段は丸まった状態でいるが、引っ張られると伸びて直線状となる。これがゴムの延伸性の原因である。

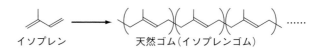

図 11・12　天然ゴムの構造

　しかし、天然ゴムは軟らかいガムのようなもので、引っ張るとどこまでもズルズルと伸び、やがて千切れてしまう。すなわち縮もうとする力がないのである。ところがここに少量の硫黄を加えると縮む力が現れ、弾力性が出る。硫黄を加えることを加硫という[12]。すなわち加硫によって硫黄分子がゴム分子鎖の間に架橋構造を作るのである。このため、分子鎖はある程度ずれると、それ以上のずれに対して抵抗するのである（**図 11・13**）。

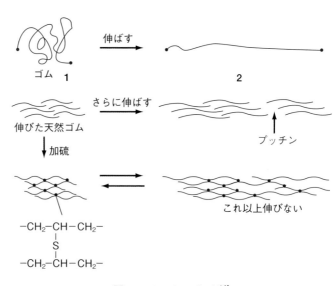

図 11・13　ゴムの加硫[13]

髪に施すパーマネントも似た原理である。すなわち、髪を構成するケラチンの間に架橋構造を作って縮れ状態を維持するのである。これは先に見た、熱硬化性高分子が加熱しても変形しないのと似た原理である。

11・4　機能性高分子

われわれの生活に役立つ特別の機能を持った高分子を**機能性高分子**という。機能性高分子には多くの種類がある。代表的なものを見てみよう。

11・4・1　高吸水性樹脂

紙おむつや生理用品に使われる高分子で、自重の 1000 倍の重量の水を吸収できる。**高吸水性樹脂**の分子構造的な特徴は二つある。

一つは三次元の籠（ケージ）型構造になっていることである。そのため、ケージの中に水分子を保持することができる。もう一つは、高分子鎖にカルボキシ基のナトリウム塩 COONa が結合していることである。このため、高分子が水を吸収するとナトリウム塩が電離してカルボキシ陰イオン COO^- となる。この結果、多くの陰イオンが静電反発を起こしてケージを広げ、さらに多くの水分子を吸収することができるようになる（**図 11・14**）[*14]。

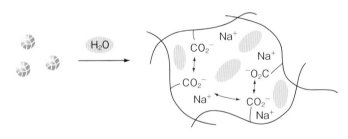

図 11・14　高吸水性樹脂

11・4・2　イオン交換樹脂

イオンをほかのイオンに交換する樹脂であり、陽イオンを交換する**陽イオン交換樹脂**と、陰イオンを交換する**陰イオン交換樹脂**がある。

図 11・15 に示したように、陽イオン交換樹脂にナトリウムイオン Na^+ が反応すると、樹脂は Na^+ と結合して、代わりに H^+ を放出する。一方、陰イオン交換樹脂に塩化物イオン Cl^- が反応すると、樹脂は Cl^- と結合して代わりに OH^- を放出する。

適当なカラムにこのような陽イオン交換樹脂と陰イオン交換樹脂を詰め、上から海水を通すと、海水中の塩分 NaCl は H_2O と置き換わる。すなわち海水が淡水化されることになる。緊急災害のときには便利である。

＊14　砂漠の緑化

高吸水性高分子を砂漠に埋め、その上に植林する。すると給水された水を高分子が保持するため、給水間隔を延ばすことができる。また、降雨の際には天然水を保持することもできる。このように、高分子は砂漠の緑化にも貢献している。

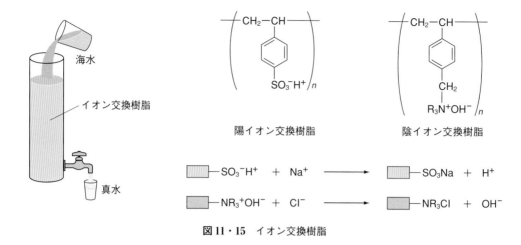

図 11・15　イオン交換樹脂

Column　シリコン樹脂

本章で紹介した高分子は炭素骨格を持ったもので、有機系高分子といわれる。しかし高分子には炭素骨格以外の骨格でできた無機系高分子といわれるものもある。医療現場でよく使われるシリコン樹脂 (商品名：シリコーン) はそのようなものである。

シリコン樹脂は図のような構造で、骨格は -Si-O-Si-O- のようにケイ素 (シリコン) と酸素が交互につながったシロキサン結合といわれる構造である (右図)。

シリコン樹脂は、200 ℃程度の耐熱性がある、耐寒性がある、絶縁性が高い、撥水性が高いなどの長所があり、手袋、容器の栓、歯科の型取り剤、バルーンカテーテルなどに使われている。

$$\begin{array}{ccc} & R & R \\ & | & | \\ -Si & -O-Si-O \\ & | & | \\ & R & R \end{array}$$

演習問題

11.1　高分子と超分子の違いを説明せよ。

11.2　次の高分子において単位分子を結合する結合の種類は何か。
　　　PET、ナイロン、セルロース (第 12 章参照)

11.3　次の高分子における単位分子は何か。
　　　ポリエチレン、PET、ナイロン、フェノール樹脂

11.4　熱可塑性樹脂と熱硬化性樹脂の違いを述べよ。

11.5　シックハウス症候群が新築の家で発生しやすい理由を述べよ。

11.6　天然ゴムに加硫すると弾力性が現れる理由を述べよ。

11.7　合成樹脂と合成繊維の違いを説明せよ。

11.8　高吸水性樹脂が吸水する原理を述べよ。

11.9　汎用樹脂、エンプラとは何か、説明せよ。

11.10　イオン交換樹脂が交換できるイオン量には限度がある。交換能力を失った樹脂に交換能力を回復させるためにはどのようにすればよいか。

第12章 糖類と脂質

生体は多くの物質から作られている。中でも重要なのは糖類、脂質、タンパク質であろう。そのほかに遺伝を司る核酸も重要なものである。本章ではそのうち糖類と脂質を見ていくことにする。

糖類は炭水化物ともいわれ、一般に $C_n(H_2O)_m$ の分子式を持つことが多い。糖類は単糖類を単位分子とした天然高分子と見ることもできる。脂質は油脂と呼ばれることも多いが、それ以外の脂質もある。脂質は細胞膜の原料素材としても重要である。

12・1 単糖類と二糖類

植物は光合成によって、二酸化炭素と水を原料とし、太陽の光エネルギーを用いて糖類を合成する。その糖類を草食動物が消化、代謝して生命活動のためのエネルギーを獲得し、肉食動物は草食動物を消化、代謝してエネルギーを得る。すなわち動物は糖を経由して太陽エネルギーを利用しているのであり、その意味で、糖は太陽エネルギーの缶詰のようなものである。

12・1・1 単糖類の種類

糖類は単糖類、二糖類、多糖類に分けることができる。デンプンやセルロースは多糖類であり、天然高分子である。その単分子に相当するのが単糖類であり、単糖類が2個結合したものが二糖類である。

A 六炭糖

単糖類には分子を構成する炭素の個数が5個の五炭糖や6個の六炭糖がある。六炭糖の分子式は $C_6(H_2O)_6$ で表すことができ、代表的なものにグルコース（ブドウ糖）、フルクトース（果糖）、ガラクトースなどがある（図12・1）。グルコースは動物の栄養源（カロリー源）として特に重要なものである。

グルコースは環状構造で描かれることが多いが、溶液中では環を開いて鎖状構造になることがあり、それが閉じて環構造になるときには、立体構造の違いによって α-グルコースと β-グルコースの二種類のどちらかになる。すなわち溶液中ではこの三種類の構造が平衡状態になっているのである（図12・2）。

B アミノ糖

単糖類の一部のヒドロキシ基 OH がアミノ基 NH₂ に置き換わったも

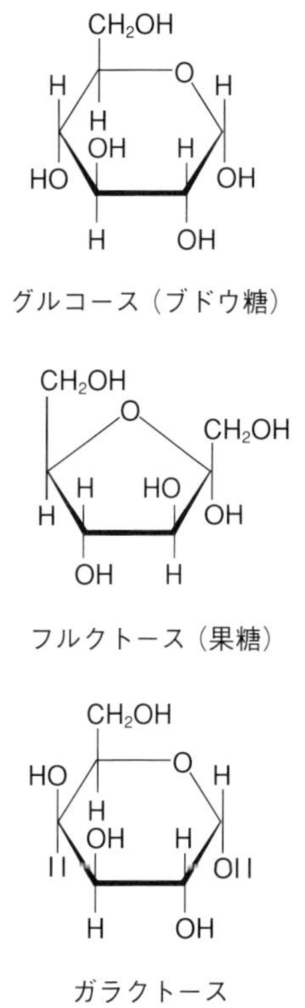

グルコース（ブドウ糖）

フルクトース（果糖）

ガラクトース

図12・1 代表的な単糖類の構造

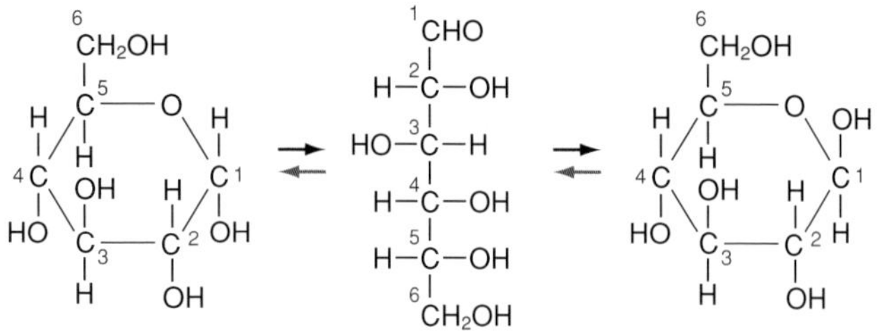

α-グルコース　　　　鎖状グルコース　　　　β-グルコース

図 12・2　グルコースの構造異性体

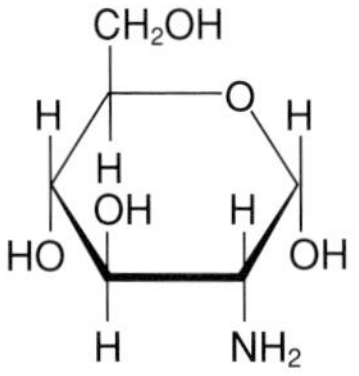

図 12・3　グルコサミン
の構造

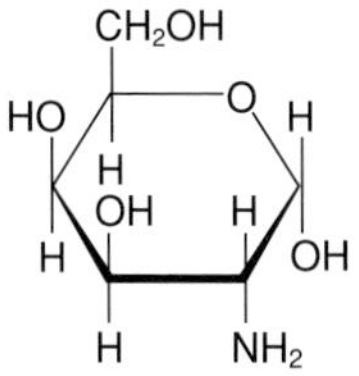

図 12・4　ガラクトサミン
の構造

＊1　転化糖
　一般に単糖類、二糖類は光学活性であり、偏光面を回転させる旋光性を持っている。スクロースを加水分解するとグルコースとフルクトースの混合物となり、旋光度が変化する。この混合物は一般に転化糖と呼ばれ、製菓などにも用いられる。

＊2　もち米のデンプンはほとんど全てがアミロペクチンであるが、普通のご飯にするうるち米のデンプンには 20〜30 ％のアミロースが含まれる。

のをアミノ糖と呼ぶ。グルコースに由来するグルコサミン（**図 12・3**）や、ガラクトースに由来するガラクトサミン（**図 12・4**）がよく知られている。ムコ多糖類の単位糖として重要である。

12・1・2　二糖類

　2 個の単糖類が脱水縮合してエーテルとなったものを**二糖類**という。二糖類では 2 個のグルコースからできたマルトース（麦芽糖）、グルコースとフルクトースからできたスクロース（ショ糖）、グルコースとガラクトースからできたラクトース（乳糖）などがよく知られている（**図 12・5**）[*1]。

12・2　多 糖 類

　多数個の単糖類が脱水縮合してできた高分子化合物を**多糖類**という。

12・2・1　デンプンとセルロース

　デンプンは α-グルコースからできた多糖類である。デンプンには直鎖状で枝分かれ構造のないアミロースと、枝分かれ構造を持ったアミロペクチンがある（**図 12・6**）[*2]。アミロースはラセン構造を持っており、グルコース単位 6 個で一回りしている。ヨードデンプン反応で青い色を呈するのは、ヨウ素分子がこのラセン構造に取り込まれるからである。

　セルロースは植物の細胞間にあって植物体を機械的に支える役をする細胞壁の成分である。セルロースは β-グルコースの多糖類である（**図 12・7**）。そのため、ヒトは消化することができず、セルロースはヒトにとっては食物とはならない。しかし草食動物は消化することができる。セルロースも消化されればグルコースになる。

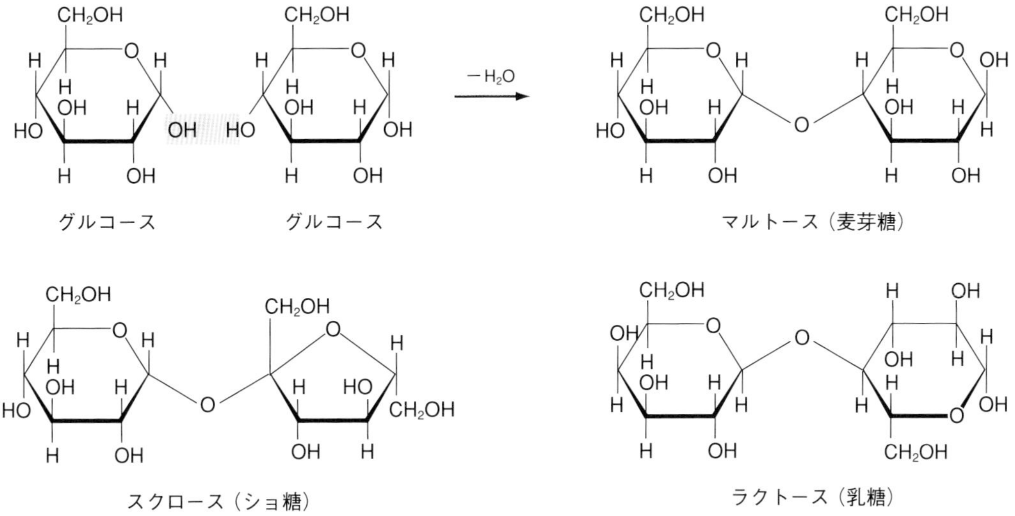
−H₂O
グルコース
グルコース
マルトース（麦芽糖）
スクロース（ショ糖）
ラクトース（乳糖）

図 12・5 代表的な二糖類の構造

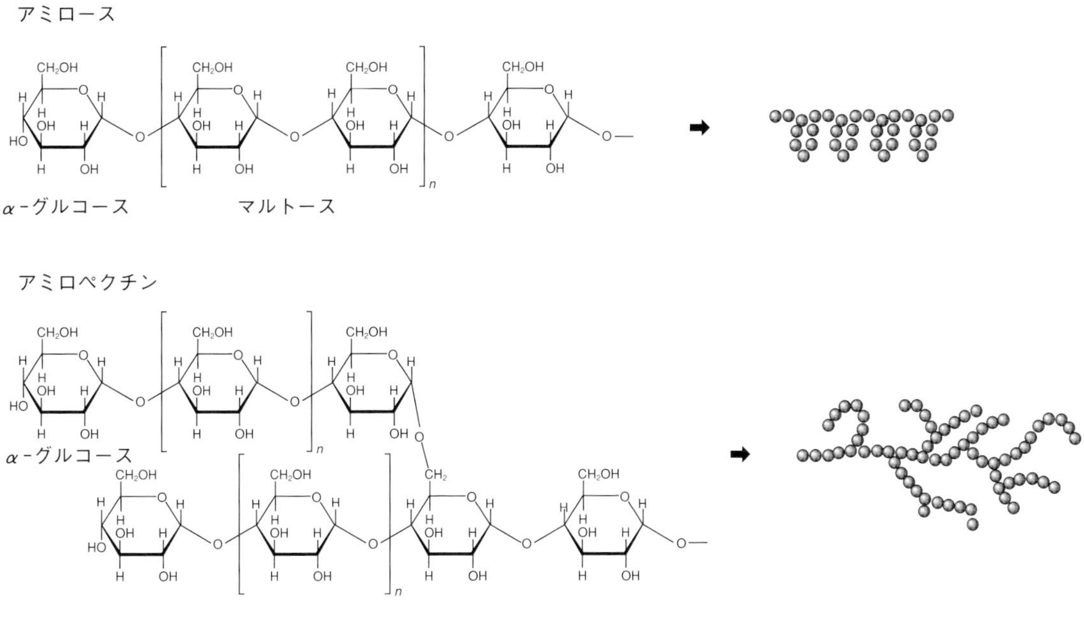
アミロース
α-グルコース
マルトース
アミロペクチン
α-グルコース

図 12・6 デンプンの構造（アミロースとアミロペクチン）

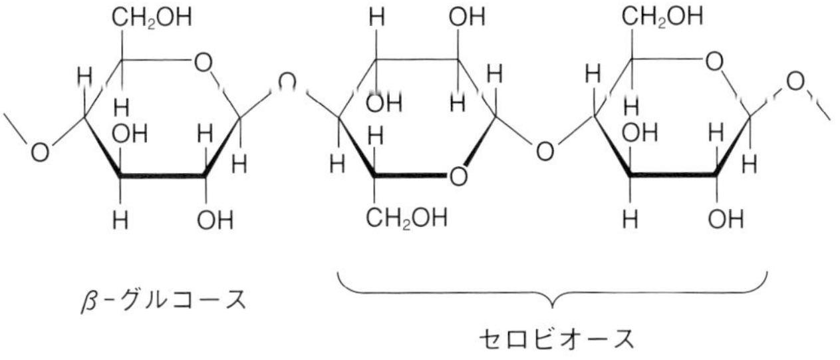
β-グルコース
セロビオース

図 12・7 セルロースの構造

Column　α-デンプンとβ-デンプン

　天然の結晶状態にあるデンプンをβ-デンプンと呼ぶ。一方、水とともに加熱してデンプン中の糖鎖間の水素結合が切断されて糖鎖が自由に動ける状態になったデンプンをα-デンプンと呼ぶ。生米に入っているのはβ-デンプンであり、消化に良くないが、これを炊くとα-デンプンに変わり、消化に良くなる。

　水のある状態でα-デンプンを低温放置するとβ-デンプンに戻るが、水がなければα-デンプンのままである。パンが長期保存可能なのは水がないためである。しかしこれらの呼称は日本独自のもので、国際的な術語ではない。

表12・1　ムコ多糖類

	名称	アミノ糖	ウロン酸
グリコサミノグルカン	ヒアルロン酸	D-グルコサミン	D-グルクロン酸
	コンドロイチン硫酸	D-ガラクトサミン	D-グルクロン酸
	ヘパリン	D-グルコサミン	L-イズロン酸 D-グルクロン酸
	キチン	グルコサミン N-アセチルグルコサミン	
	キトサン	グルコサミン	

グルクロン酸　　　　イズロン酸

*3　ムコ多糖類の「ムコ」は粘液類似物の意の「ムコイド（mucoid）」からとったものである。

12・2・2　ムコ多糖類[*3]

　動物の粘性分泌液（mucus）から得られた多糖類であり、動物の結合組織などに、多くの場合コアタンパク質に付加した形で存在している。mucus にちなんでムコ多糖類と呼ばれる（表12・1）。

　ムコ多糖類には多くの種類があるが、代表的なものはグリコサミノグルカンであり、それにはヒアルロン酸、コンドロイチン硫酸、ヘパリンなどがある（図12・8）。グリコサミノグルカンは、硫酸基（OSO_3H）が付加した二糖の繰り返し構造からなる。その1つはアミノ糖（ガラクトサミン、グルコサミン）であり、もう1つはウロン酸（グルクロン酸、イズロン酸；表12・1参照）またはガラクトースである。

　また N-アセチルグルコサミンと少量のグルコサミンからできたキチン（図12・9）、グルコサミンだけからできたキトサンもムコ多糖類の一種である[*4]。

*4　キチンはカニなどの甲殻類の殻（外皮）に多く含まれる。キチンを濃アルカリ溶液で処理してアセチル基 $-COCH_3$ を外したものがキトサンである。キチン、キトサンはセルロースに似た性質を持つ。フィルムに加工して医療分野での応用も図られている。

Column 人工甘味料

糖の中には甘味を持つものがあり、特に砂糖（ショ糖）の甘味は日常生活に重要なものである。甘味を持つ物質にはキシリトール（砂糖と同等の甘味）やソルビトール（砂糖の 0.54 倍）などの糖アルコール類もあるが、人工的に開発された人工甘味料もある。人工甘味料にはサッカリン（砂糖の 400〜500 倍）、アスパルテーム（100〜200 倍）、スクラロース（600 倍）など、各種のものが知られている。

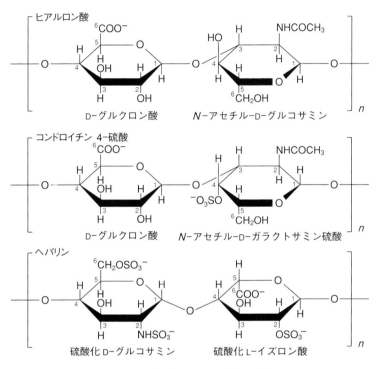

図 12・8　代表的なムコ多糖類の構造

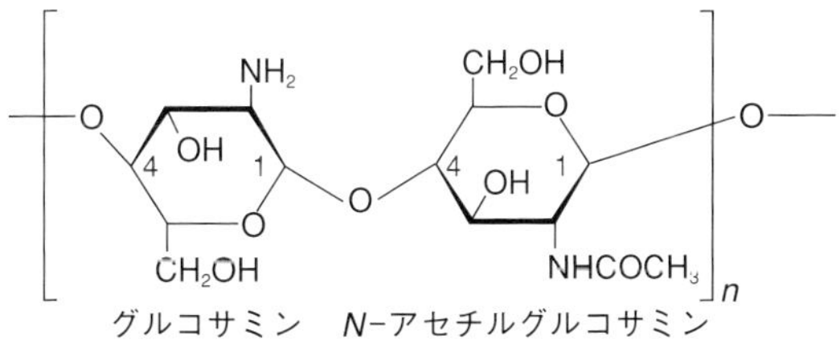

図 12・9　キチンの構造

12・3 脂 質

脂質とは、生体に関連した物質のうち、水に溶けず有機溶媒に溶ける、すなわち一般に油といわれるものを指す。脂質の種類は多いが、代表的

＊5 脂肪酸のナトリウム塩 $RCOO^-Na^+$ は石けんである。石 けんを使った手洗いを普及させる ため、ユニセフは毎年 10 月 15 日 を「世界手洗いの日」として制定 した。

19 世紀の初め、出産後の産褥熱 で亡くなる女性が多かった。ハン ガリー出身の医師センメルワイス （1818-1865）は、医師にさらし粉 （次亜塩素酸カルシウム）溶液で 手洗いすることを奨励し、産褥熱 による死亡率が激減することを発 見した。しかし、細菌が感染症の 原因であることは当時明らかに なっておらず、医師が診察前に手 を洗う習慣がなかった時代であ る。医師の手に付いたなんらかの 微粒子が産褥熱の原因であるとす る彼の考えは医学界から否定さ れ、センメルワイスは 1865 年失 意のうちに亡くなった。彼の死後、 パスツールやコッホにより細菌の 存在が明らかになり、また、英国 の外科医リスターが石炭酸（フェ ノール）を用いた消毒法を確立し たことで、センメルワイスの考え は広く認められるようになった。 1769 年にハンガリーの首都ブダ ペストに創立された医科大学は、 創立 200 周年である 1969 年、セ ンメルワイスの功績を称えてブダ ペスト医科大学からセンメルワイ ス医科大学へと改称した。

＊6 レストランに飾ってある食 品サンプルは蝋（ワックス）で作 る。ワックスは有害ではないが食 品としては用いられない。

＊7 EPA（IPA、イコサペンタエ ン酸）は炭素数がイコサ（20）個、 二重結合（エン）数がペンタ（5） 個のカルボン酸（アシド）であ り、DHA（ドコサヘキサエン酸） は炭素数がドコサ（22）個、二重 結合数がヘキサ（6）個の酸であ る。

図 12・10　脂質の分類

なものは**図 12・10** に示したようなものである。

12・3・1　単純脂質

一般に生物由来の油、あるいは脂と呼ばれるもので、ワックスなどと 呼ばれる蝋と、サラダオイルに代表されるアシルグリセロール（グリセ リド）とがある。アルコールとカルボン酸（脂肪酸）**＊5** のエステルである。

A　蝋 **＊6**

長鎖アルコールと長鎖カルボン酸のエステルを蝋と呼ぶ。単純脂質を 構成するカルボン酸を特に脂肪酸と呼ぶ。

脂肪酸のうち、炭素鎖部分に不飽和結合（二重結合、三重結合）を含む ものを**不飽和脂肪酸**、含まないものを**飽和脂肪酸**という。また、炭素数 の違いによって短鎖脂肪酸（炭素数 5 くらいまで）、中鎖脂肪酸（炭素数 7 ～ 10 程度）、長鎖脂肪酸（炭素数 12 以上）などの分類もあるが明確な 分類ではない（**表 12・2**）。

表 12・2　代表的な飽和脂肪酸と不飽和脂肪酸

	飽和脂肪酸		不飽和脂肪酸		
	名　称	構造式	名　称	構造式	二重結合数
短鎖	酢　酸	CH_3COOH	アクリル酸	$CH_2＝CHCOOH$	1
	カプロン酸	$C_5H_{11}COOH$	クロトン酸	$CH_3CH＝CHCOOH$	1
中鎖	カプリル酸	$C_7H_{15}COOH$	ソルビン酸	C_5H_7COOH	2
	カプリン酸	$C_9H_{19}COOH$	ウンデシレン酸	$C_{10}H_{19}COOH$	1
長鎖脂肪酸	ラウリン酸	$C_{11}H_{23}COOH$	オレイン酸	$C_{17}H_{33}COOH$	1
	ミリスチン酸	$C_{13}H_{27}COOH$	リノール酸	$C_{17}H_{31}COOH$	2
	パルミチン酸	$C_{15}H_{31}COOH$	リノレン酸	$C_{17}H_{29}COOH$	3
	ステアリン酸	$C_{17}H_{35}COOH$	EPA（IPA）**＊7**	$C_{19}H_{29}COOH$	5
	アラキジン酸	$C_{19}H_{39}COOH$	DHA **＊7**	$C_{21}H_{31}COOH$	6

アラキジン酸はイコサン酸ともいう。

B　アシルグリセロール（グリセリド）

　単純脂質のうち、アルコール部分が三価のアルコールであるグリセロール（グリセリン）であるものを特にアシルグリセロール（グリセリド；油脂）という。サラダオイルなどの植物オイル、ラード（豚脂）、ヘット（牛脂）などの動物性脂肪をはじめ、多くの生物由来の油脂がこれに属する[*8,9]。

　アシルグリセロールを加水分解するとグリセリンと脂肪酸になる。

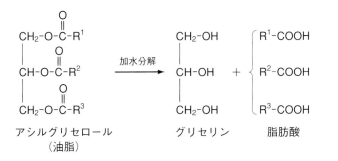

アシルグリセロール　　　　グリセリン　　　　脂肪酸
（油脂）

すなわち、全てのアシルグリセロールにおいてグリセリンは共通物質なのであり、ラード、ヘットなどの違いは脂肪酸の種類や組成の違いということになる[*10]。

○グリセリン

　甘味を持つ無色、粘稠（ちょう）な液体である。硫酸酸性下で硝酸と作用するとニトログリセリンとなる。

$$CH_2\text{-}OH \quad \xrightarrow[硝酸/硫酸]{HNO_3/H_2SO_4} \quad CH_2\text{-}O\text{-}NO_2$$
$$CH\text{-}OH \qquad\qquad\qquad CH\text{-}O\text{-}NO_2$$
$$CH_2\text{-}OH \qquad\qquad\qquad CH_2\text{-}O\text{-}NO_2$$

グリセリン　　　　　　　ニトログリセリン

ニトログリセリンは強い爆発性を持つ液体であり、ノーベル賞を設立したノーベルがダイナマイトに応用したことで有名である。また、ニトログリセリンは吸入すると体内で一酸化窒素 NO を生成する。NO は血管を拡張する作用があるので、ニトログリセリンは狭心症の特効薬として知られている（第3章コラム参照）。

12・3・2　複合脂質

　リン酸や糖と結合した脂質のことをいう。重要なのは、グリセロールが2個の脂肪酸、1個のリン酸と結合したグリセロリン脂質である。これは12・5節に見るように、細胞膜などの生体膜の構成分子として活躍する。

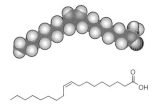

12・4　誘導脂質

単純脂質や複合脂質から分解、誘導された脂質で、コレステロール、ステロイド、脂溶性ビタミンなどがある。先に見た脂肪酸も分類上は誘導脂質に入る。

12・4・1　コレステロール

生体で重要な働きをする物質に**ステロイド類**がある。ステロイド類は共通な基本骨格を持つ。これは A 環から D 環までの四つの環構造からなる（左図）。

コレステロールは動物に最も多いステロイドで、グリセロリン脂質とともに細胞膜を構成したり、ホルモン、ビタミンなどの合成原料となる重要物質である。コレステロールの基本骨格は、イソプレンから誘導されるスクアレンが閉環してできたものである[*11]（**図 12・11**）。

ステロイド骨格

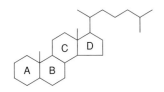

*11　スクアレンはサメの肝臓中にたくさんある。健康に良いといわれるが、医学的な確証はない。

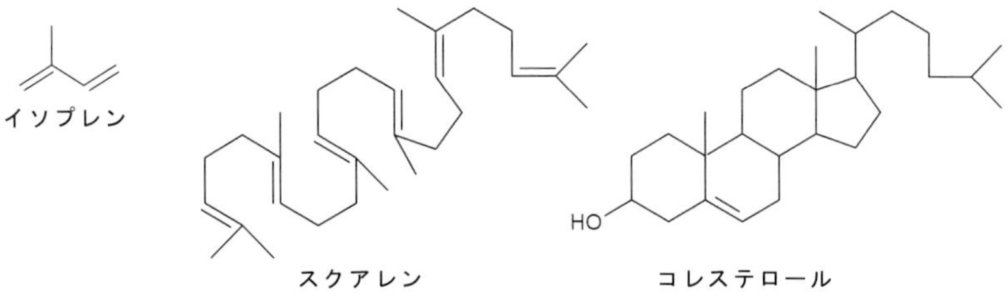

イソプレン　　　　スクアレン　　　　コレステロール

図 12・11　コレステロールの基本構造

12・4・2　ホルモン

生体内物質には少量で生体機能の調節に重要な働きをする有機化合物がある。このようなもののうち、ヒトが自分で作ることのできるものを**ホルモン**[*12]、作ることのできないものを**ビタミン**と呼ぶ。

ホルモンには、ステロイド骨格を持つステロイドホルモン、アミノ基 NH_2 を持つアミン型ホルモン、ペプチドの一種であるペプチドホルモンなど、多くの種類がある[*13]。

ステロイドホルモンは性ホルモンに多く、女性ホルモンのプロゲステロンやエストロゲン、男性ホルモンのテストステロンなどがある。アミン型ホルモンには甲状腺ホルモンであるチロキシンや副腎髄質ホルモンであるアドレナリン、ノルアドレナリンなどがある（**図 12・12**）。

ペプチドホルモンには成長ホルモンや膵臓ホルモンであるインスリンなどがあるが、いずれもタンパク質の一種であり、分子構造を示すのは困難である。

*12　ホルモンは分泌した個体の中だけで効力を発揮するが、個体間で効力を発揮するのがフェロモンである。カイコガの雌 1 匹が分泌するフェロモン（10^{-10} g）で雄 100 万匹が狂乱するという。ヒトにもフェロモンがあり、それは汗に含まれ、それを感知するのはヤコブソン器官であるとする説もあるが、確証されていない。

*13　アミン型ホルモン、ペプチドホルモンなどは脂質ではないが、ここでいっしょに説明する。

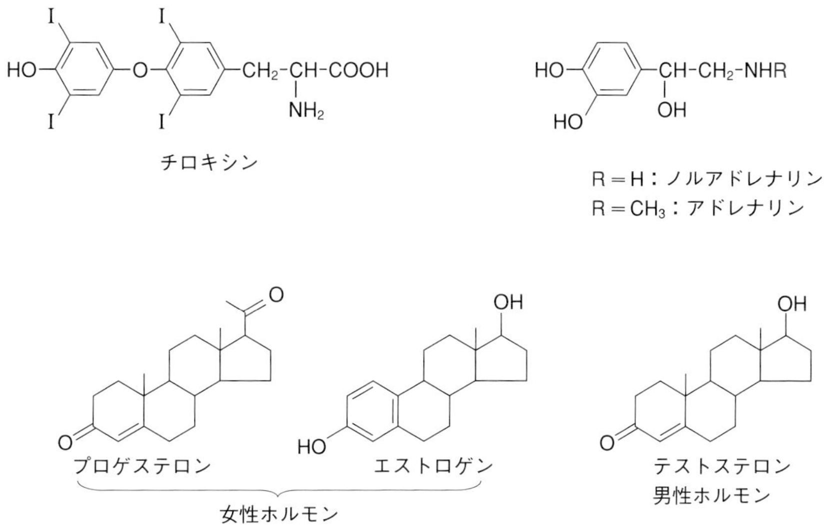

チロキシン

R＝H：ノルアドレナリン
R＝CH₃：アドレナリン

プロゲステロン　　エストロゲン

女性ホルモン

テストステロン
男性ホルモン

図 12・12　ホルモンの構造

12・4・3　ビタミン

ビタミンにはビタミンB、Cなどのように水に溶ける水溶性ビタミンと、ビタミンA、Dなどのように水に溶けず、油に溶ける脂溶性ビタミンがある。

1）水溶性ビタミン[*14]

水溶性ビタミンにはビタミンB群とビタミンCがある。ビタミンB群はその名前の通り、8種類ほどの化合物の集団であり、いずれも物質代謝において酵素の働きを助ける補酵素として機能している。

ビタミンCは抗酸化物質であり、活性酸素を除く作用がある。ビタミンCが不足するとコラーゲンが合成できなくなり、壊血病になる。

2）脂溶性ビタミン

脂溶性ビタミンにはビタミンA、D、E、およびKがある。ビタミンAは視覚物質レチナール[*15]の原料になり（**図 12・13**）、不足すると夜盲症になる。ビタミンDには構造のよく似た2種の化合物があり、いずれもコレステロールを原料として体内で合成される。不足するとくる病になる。

ビタミンEは分子構造のよく似た4種の化合物の総称であり、高い抗酸化力を持つ。ビタミンKもよく似た構造の数種の化合物の総称であり、不足すると出血傾向が現れる。

[*14]　水溶性ビタミンB、Cなどは脂質ではないが、ここでいっしょに説明する。

[*15]　レチナールは視細胞に入っているが、通常は曲がったシス形となっている。ところが光が当たると直線状のトランス形となり、視神経を刺激して光が来たとの情報を脳に伝えるのである。

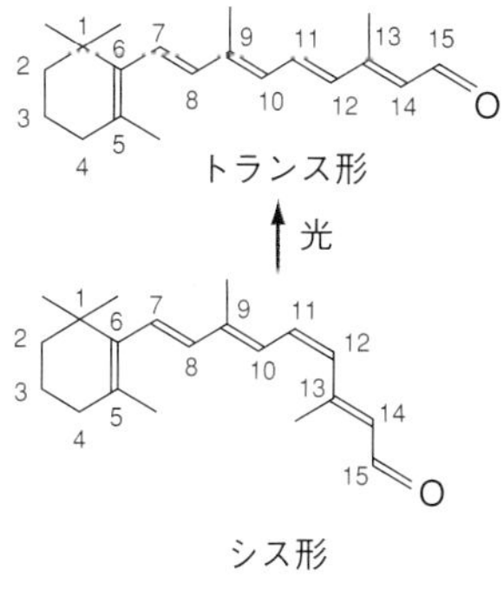

トランス形

↑光

シス形

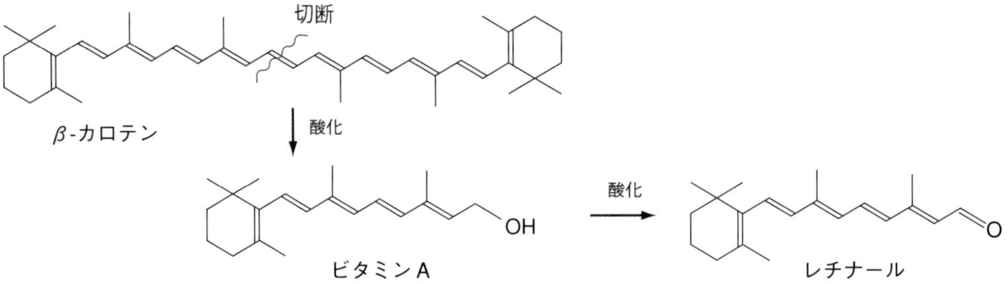

切断

β-カロテン

酸化

ビタミンA

酸化

OH

レチナール

図 12・13　ビタミン A の代謝

12・5　生 体 膜

　分子には水に溶ける水溶性のものと脂溶性のものがある。ところが分子によっては、一分子内に水溶性部分と脂溶性部分を併せ持つものがある。このような分子を一般に**両親媒性分子**という。石けん、洗剤 (本章コラム参照) などが代表的なものである (**図 12・14**)。

A　分子膜

　両親媒性分子を水に溶かすと、水溶性部分を水中に入れ、脂溶性部分を空気中に出して水面に漂う。濃度を高めると水面はこのような分子で覆い尽くされる。この状態の分子集団は膜のように見えるので、一般に**分子膜**という (**図 12・15**)。

　このように、分子膜を構成する分子の間には強い結合はない。弱い分

石けん
(脂肪酸ナトリウム)　　$CH_3-CH_2-CH_2$ ------ $CH_2 \vdots C-O^-Na^+$（$C=O$）

グリセロリン脂質

$CH_3-CH_2-CH_2$ ------ $CH_2 \vdots COO-CH_2$

$CH_3-CH_2-CH_2$ ------ $CH_2 \vdots COO-CH-CH_2-O-PO_3H_2$

脂溶性　　　　　　　　　　　　　　水溶性

図 12・14　両親媒性分子

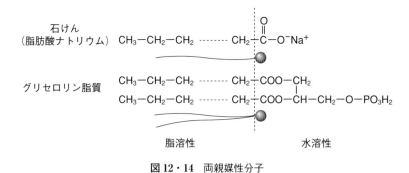

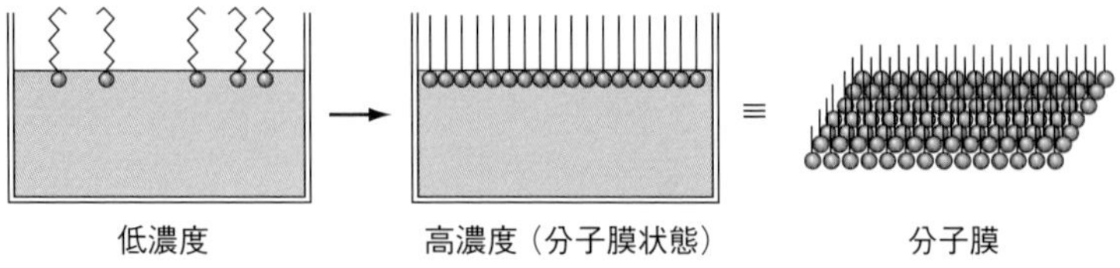

低濃度　　　　　高濃度 (分子膜状態)　　　　　分子膜

図 12・15　分子膜

子間力（水素結合など）によって引き合っているだけである。したがって、分子膜を構成する分子は膜内を移動できるだけでなく、膜を出入りすることも可能である。

　分子膜は重なることもでき、1枚だけのものを単分子膜、2枚重なったものを二分子膜[15]（**図12・16**）、多数枚重なったものを累積膜あるいはLB膜という[16]。

B　細胞膜[17]

　先に見たグリセロリン脂質は図12・14に示したように両親媒性分子であり、したがって二分子膜を作ることができる。これが細胞膜や核膜などの**生体膜**の基本構造なのである。この基本構造に、コレステロールやタンパク質などが挟み込まれたものが実際の**細胞膜**である（**図12・17**）。

　細胞膜は単に細胞の内外を分けるだけのものではない。細胞膜は細胞における化学工場である。多くの生化学反応は細胞膜上で行われる。また細胞膜はかなり自由に変形、分裂し、細胞内への物質の搬入（エンドサイトーシス）、老廃物などの細胞外への搬出（エキソサイトーシス）を行っているのである。

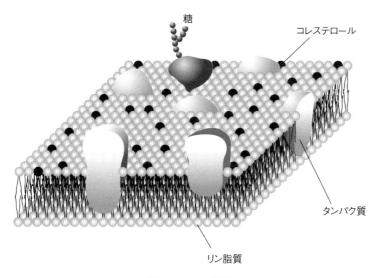

図12・17　細胞膜

＊**15**　シャボン玉は石けん分子からできた二分子膜の袋の中に空気が入ったものである。水は分子膜の合わせ目に挟まるようにして入る。

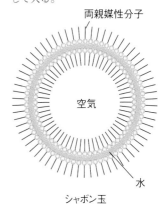

シャボン玉

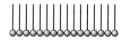

単分子膜

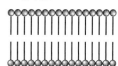

二分子膜

図12・16　単分子膜と
二分子膜

＊**16**　LB膜という名前は、この膜を研究した二人の化学者、ラングミュアーとブロジェットのイニシャルからとったものである。

＊**17**　細胞膜を持つことは生命体の条件の一つである。ウイルスは生命体であるための三条件のうち、①核酸を用いて増殖はするが、②自分で養分を摂取することができず、③細胞膜を持っていないということで、生命体とはみなされていない。

Column　洗　剤

　洗濯は水を使って汚れを落とす操作である。しかし、油汚れは水には溶けない。そこで洗剤（両親媒性分子）を使うことになる。洗剤の水溶液に油汚れの付いた衣服を入れると、洗剤がその疎水性（親油性）部分で油汚れに結合して油汚れを分子膜で包む。この包みの外側は親水性部分で覆われているので、包みはソックリ水中に溶け出すというわけである。

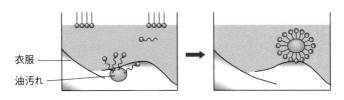

衣服

油汚れ

図　洗剤が油汚れを落とす仕組み

演 習 問 題

12.1　次の二糖類を構成する単糖類は何か。

　　　スクロース、マルトース、ラクトース

12.2　次の多糖類を構成する単糖類は何か。

　　　デンプン、セルロース、アミロース、アミロペクチン

12.3　グルコサミンが成分となっているムコ多糖類を 4 種あげよ。

12.4　蝋とアシルグリセロールの違いを説明せよ。

12.5　飽和脂肪酸、不飽和脂肪酸の違いを説明せよ。

12.6　ステロイド骨格の構造式を書け。

12.7　ホルモンとビタミンの違いを説明せよ。

12.8　カロテンを食べるとビタミン A を摂ったことになるのはなぜか。

12.9　身の回りにある分子膜の例をあげよ。

12.10　細胞膜の機能について説明せよ。

第13章 アミノ酸とタンパク質

　タンパク質は、筋肉や臓器など動物の体を作る重要な成分である。しかしタンパク質の機能はそのような機械的なものだけではない。呼吸を司るヘモグロビンはタンパク質の一種であり、生化学反応を支配する酵素もタンパク質である。

　タンパク質は天然高分子の一種であり、その単位分子は 20 種類からなるアミノ酸である。タンパク質の構造はアミノ酸の配列順序で決まると同時に、その立体的な配置も重要な意味を持つ。

13・1 アミノ酸の種類と構造

　アミノ酸は、一分子内にカルボキシ基とアミノ基を持つ物質である。

A アミノ酸の種類

　アミノ酸は互いに異なった置換基の付いた不斉炭素を持つので鏡像異性体が存在する（**図 13・1**）。アミノ酸の鏡像異性体はそれぞれ D 形、L 形と呼ばれるが、一部の例外を除いてタンパク質を構成するのは L 形のみである[*1]。

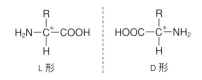

図 13・1　アミノ酸の鏡像異性体　＊は不斉炭素

　可能なアミノ酸の構造は無数に考えられるが、タンパク質を構成するアミノ酸の種類は**表 13・1**にあげた 20 種類に限られる。そのうち＊を付けたものは、人間が自分では必要量を作ることができず、食物として外界から取り入れなければならないものであり、**必須アミノ酸**と呼ばれる。

B 等電点

　カルボキシ基は酸性であり、中性や塩基性領域では電離して H^+ を放出する。一方アミノ基は塩基性であり、中性や酸性領域では H^+ と結合する。このように、分子内に酸性と塩基性の両部分を持つものを**両性イオン**（双性イオン）という。この結果アミノ酸は、溶液の酸性度によって**図 13・2**に示した **1〜3** の構造のどれかをとっていることになる。

　2 の構造をとるのは中性（pH ＝ 7）でありそうなものであるが、実は

*1　味の素

　味の素®はアミノ酸の一種であるグルタミン酸のナトリウム塩である。そのため、L 形と D 形が存在しうる。もし味の素を化学的に合成したら L 形と D 形の 1：1 混合物（ラセミ体、ラセミ混合物）となり、そのうちヒトが旨みを感じるのは L 形のみということになる。しかし現在は微生物発酵によって作られているので、製品は 100 ％ L 形である。

表 13・1　アミノ酸（『化学便覧 改訂 5 版』を元に作成）

アミノ酸	略号	構造式	分子量	備考
グリシン	Gly (G)	H−CH−COOH NH₂	75.07	中性アミノ酸
アラニン	Ala (A)	CH₃−CH−COOH NH₂	89.09	
バリン*	Val (V)	CH₃−CH−CH−COOH CH₃ NH₂	117.1	
ロイシン*	Leu (L)	CH₃−CH−CH₂−CH−COOH CH₃ NH₂	131.2	
イソロイシン*	Ile (I)	CH₃−CH₂−CH−CH−COOH CH₃ NH₂	131.2	
セリン	Ser (S)	HO−CH₂−CH−COOH NH₂	105.1	
スレオニン*（トレオニン）	Thr (T)	CH₃−CH−CH−COOH OH NH₂	119.1	
アスパラギン酸	Asp (D)	HOOC−CH₂−CH−COOH NH₂	133.1	酸性アミノ酸
グルタミン酸	Glu (E)	HOOC−CH₂−CH₂−CH−COOH NH₂	147.1	
システイン	Cys (C)	HS−CH₂−CH−COOH NH₂	121.2	硫黄を含む
メチオニン*	Met (M)	CH₃−S−CH₂−CH₂−CH−COOH NH₂	149.2	
フェニルアラニン*	Phe (F)	⬡−CH₂−CH−COOH NH₂	165.2	ベンゼン環を含む
チロシン	Tyr (Y)	HO−⬡−CH₂−CH−COOH NH₂	181.2	
トリプトファン*	Trp (W)	⬡−CH₂−CH−COOH NH₂	204.2	
リシン*（リジン）	Lys (K)	H₂N−CH₂−CH₂−CH₂−CH₂−CH−COOH NH₂	146.2	塩基性アミノ酸
アルギニン	Arg (R)	H₂N−C−NH−CH₂−CH₂−CH₂−CH−COOH NH NH₂	174.2	
ヒスチジン*	His (H)	⬡−CH₂−CH−COOH NH₂	155.2	
アスパラギン	Asn (N)	H−N−C−CH₂−CH−COOH H O NH₂	132.1	アミド結合を持つ
グルタミン	Gln (Q)	H−N−C−CH₂−CH₂−CH−COOH H O NH₂	146.1	
プロリン	Pro (P)	⬠−COOH N H	115.1	2級アミン

* 必須アミノ酸

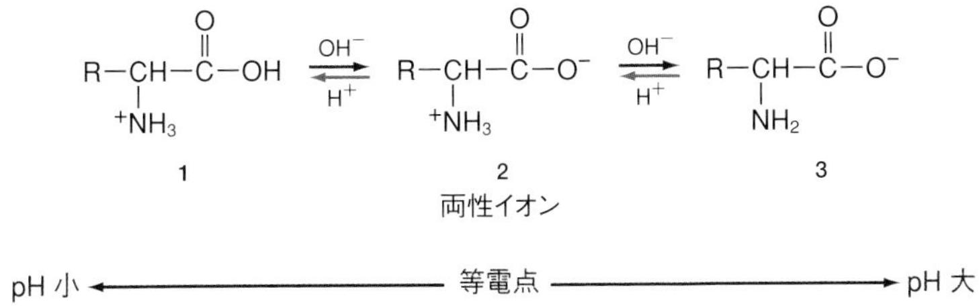

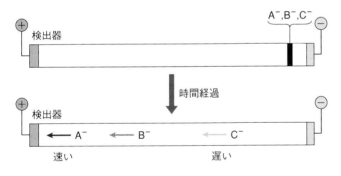

図13・2　アミノ酸の両性イオン

アミノ酸の置換基 R の中には別個に電離するものもあるので、**2** の構造をとるのは pH 7 のときとは限らない。アミノ酸が **2** の状態をとるときの溶液の pH を**等電点**[*2] という。

C　電気泳動

6・4・3項で見たように、電気泳動は液体のイオンや分子などが電場（電界）のもとで移動する現象である。電気泳動による移動の速度はイオンの構造や電荷数などによって異なるので（**図13・3**）、この性質を利用してアミノ酸、タンパク質、DNA の分離分析を行うことができる。

図13・3　電気泳動のしくみ

13・2　ポリペプチド

アミノ酸は結合して**タンパク質**を作るが、この結合はカルボキシ基とアミノ基の間の脱水縮合反応であり、一般にはアミド化によるアミド結合である。しかしアミノ酸の場合に限ってこの反応をペプチド化、結合を**ペプチド結合**という[*3]。そしてアミノ酸2個が結合したものをジペプチド、たくさんのアミノ酸が結合したものを**ポリペプチド**という[*4]（**図13・4**）。

タンパク質はポリペプチドの一種であるが、全てのポリペプチドがタ

*2　アミノ酸は溶液の pH によって図13・2の1、2、3のどれかの構造をとっている。図13・3の容器にアミノ酸を入れて通電すれば、**1**ならば負極（－極）に移動するし、**3**ならば正極（＋極）に移動する。しかし**2**ならばどちらにも移動せず、留まっている。このときの溶液の pH を等電点という。

*3　ペプチドという名前はギリシャ語の“消化できる”に由来する英語のペプタイド peptide からきたものである。

*4　アミノ酸が2個結合したものをジペプチド、3個結合したものをトリペプチドという。合成甘味料のアスパルテームはフェニルアラニンとアスパラギン酸という2個のアミノ酸が結合したジペプチドである。

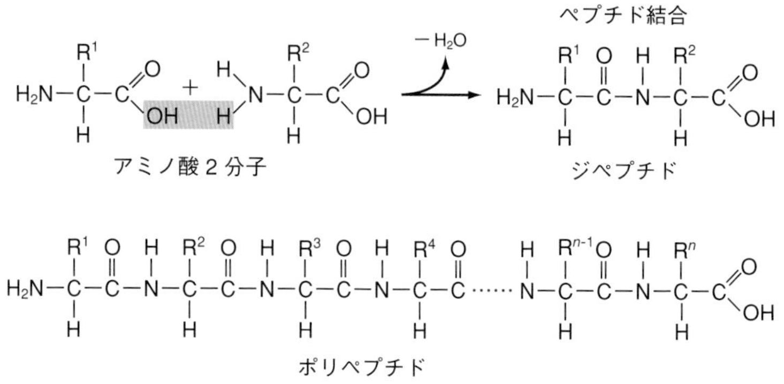

ペプチド結合

アミノ酸2分子　　→　ジペプチド

ポリペプチド

図13・4　ペプチド結合とポリペプチド

ポリペプチド

タンパク質

**図13・5　ポリペプチド
とタンパク質
の関係**

＊5　変性

　生卵をゆでるとゆで卵になる
ように、タンパク質を加熱すると
不可逆的に変化する。これを変性
という。変性の原因の一つはタン
パク質の立体構造の変化である。
タンパク質の変性は熱だけでな
く、酸、塩基、あるいはアルコー
ルなどの化学物質によっても起
こる。

A-V-L-I-P-F-Y-W…

**図13・6　タンパク質の
一次構造**

ンパク質であるということではない。ポリペプチドとタンパク質の境界
は必ずしも明確ではないが、一般にポリペプチドのうち、特有の立体構
造と特有の生理機能を持った物だけをタンパク質と呼ぶ（**図13・5**）＊5。

13・3　タンパク質の立体構造

　タンパク質の構造は複雑であり、何段階かに分けて考えるとよい。

13・3・1　一次構造

　アミノ酸の配列順序をタンパク質の**一次構造**という（**図13・6**）。これ
は、次に見る立体構造に対して平面構造といわれることもある。

13・3・2　立体構造

　タンパク質はポリペプチド鎖が折りたたまれている。このような構造
を**立体構造**という。この折りたたまれ方は各タンパク質に固有のもので
ある。たとえ一次構造は等しくても、立体構造が異なったらそれは互い
に異なるタンパク質である。タンパク質の立体構造は何段階かに分けて
考えるのがよい。

A　二次構造

　ポリペプチド鎖は二種類の固有の部分立体構造をとることがある（**図
13・7**）。一つはラセン構造であり、α-ヘリックスといわれる。もう一つ
はポリペプチド鎖が平面状に折りたたまれたものであり、β-シートとい
われる。β-シートは並んだ矢印で表されることも多い。この二つを二次
構造という。

　いずれの構造においても、その構造を形成し、維持する力は、アミノ
酸残基の間で構成される水素結合である。

狂牛病

　狂牛病はプリオンというタンパク質によって起こるものといわれる。しかし正常なプリオンタンパク質は狂牛病と関係があるものではない。

　何かの原因によってプリオンタンパク質の折りたたまれ方が異常を起こすことがある。このようにして誕生した新タンパク質は、一次構造はプリオンタンパク質と同じであるが、立体構造が異なるので もはやプリオンタンパク質ではない。狂牛病を引き起こすのはこの新タンパク質である。そして悪いことに、この新タンパク質の近傍に正常プリオンタンパク質が近づくと、これもまた新タンパク質に変性するという。

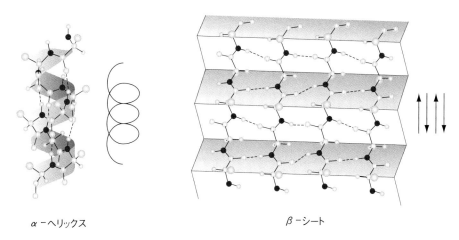

α-ヘリックス　　　　　　　　　　β-シート

図 13・7　タンパク質の二次構造

B　三次構造

　タンパク質全体の立体構造は、α-ヘリックス部分と β-シート部分、およびその両部分を連結するランダムコイル部分からなる。このような構造を三次構造という。ただし、タンパク質によっては α-ヘリックス、β-シートの片方しか存在しないものもある。

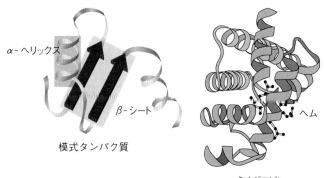

α-ヘリックス

β-シート

模式タンパク質

ヘム

図 13・8　タンパク質の三次構造

ミオグロビン

CH₂
CH
H₃C
CH₂=HC
N→Fe←N
H₃C
CH₃
CH₂CH₂CO₂
N
N
H₃C
CH₂CH₂CO₂
H₃C

ヘムの構造

図 **13・8** に示したのは、模式的なタンパク質と、ヒトの筋肉に酸素を運搬するタンパク質であるミオグロビンの立体構造である。ミオグロビンのように、ポリペプチド以外の部分（ヘム）を含むタンパク質を特に**複合タンパク質**という。

C　四次構造

タンパク質の中には、通常のタンパク質が何個か合体してさらに複雑な構造をとっているものもある。タンパク質の作る超分子構造ともいうべきものであり、このような構造をタンパク質の四次構造、あるいは高次構造という。哺乳類の呼吸（酸素運搬）を司るヘモグロビンはミオグロビンに似た構造のタンパク質が 4 個集合したものであり、四次構造の典型的な例である[6]（**図 13・9**）。

*6　ヘモグロビンのように複数個の分子が結合してできた構造体を超分子という（11・1・1 項参照）。

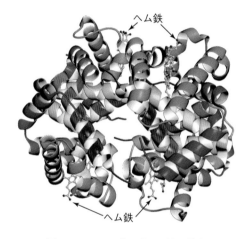

図 13・9　ヘモグロビンの結晶構造
（PDB：2dhb）Molecule of the Month © Goodsell, D. S. and RCSB PDB licensed under CC 表示 4.0 国際

ヘム鉄

13・4　タンパク質の種類と機能

タンパク質には多くの種類があり、それぞれ固有の機能を果たしている[7]。主なものを**表 13・2**にまとめた。いくつかの例について見てみよう。

13・4・1　コラーゲン

コラーゲンは細胞や組織を結合し、動物の組織を維持する働きをしている。哺乳類では全タンパク質の 30 % がコラーゲンであるといわれるほど多い。ゼリーを作るゼラチンはコラーゲンである。

コラーゲンは、**図 13・10**に示したように 3 本のポリペプチドが三つ編み状になったものである。両端をテロペプチド、それ以外をトロポコラー

*7　**動物繊維**
衣服を作る繊維には植物繊維、動物繊維、合成繊維などがある。綿、麻などの植物繊維は主に植物細胞の細胞壁を作るセルロース（12・2・1 項参照）からできており、羊毛、絹などの動物繊維はタンパク質からできている。それに対してナイロン、ポリエステルなどの合成繊維はそれぞれナイロン、ポリエチレンテレフタラート（略号 PET）などの合成高分子からできている（11・2 節参照）。PET はペットボトルなどの原料でもある。

表13・2　さまざまなタンパク質の機能

名称	機能	種類
運動タンパク質	細胞や生体の変形，運動に関係する	ミオシン，アクチン
輸送タンパク質	細胞外で物質の輸送に関係する	ヘモグロビン
構造タンパク質	細胞や生体の構造を維持する	コラーゲン
貯蔵タンパク質	生体物質を貯蔵する	フェリチン
防御タンパク質	免疫のように生体を防御する	免疫グロブリン
酵素タンパク質	生化学反応の触媒	トリプシン

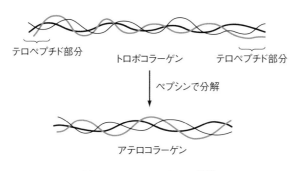

図13・10　コラーゲンの構造

ゲンという。コラーゲンからテロペプチド部分を取り除いたものをアテロコラーゲンといい、免疫作用が極端に弱くなっているので人工皮膚などに利用される。

13・4・2　酵　素

　実験室で行えば高温で何時間もかかる反応が、生体内では体温でスムーズに進行する。これは**酵素**のおかげである。酵素はタンパク質でできた触媒である。

　反応における酵素の働きは**図13・11**に示したもので、酵素Eが反応物質（基質）Sと結合して複合体SEとなる。この状態でSは反応して生成物質Pに変化し、SEはPEとなる[8]。するとEはPEから遊離して元のEに戻る。そしてまた次のSと結合して触媒反応を繰り返すのである。

　酵素反応で重要な点は、特定の酵素は特定の基質の反応にしか関与し

*8　複合体SEでは、基質を酵素が抱きかかえるようにして基質の反応部位を外界に向け、試薬が攻撃しやすいように仕向ける。そのため活性化エネルギーが低下し、反応速度が速くなるのである。

図13・11　酵素と基質の反応

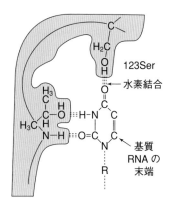

図13・12　酵素と基質の水素結合
中束美明『生命の科学』培風館
(1998)より引用。

ないことである。この関係はよく鍵と鍵穴の関係にたとえられる。これ
は基質と酵素の間に水素結合が形成されるからであり、この水素結合が
特定の酵素と基質の間にしか生成しないようになっているからである。
例を**図13・12**に示した。

　酵素はタンパク質なので、高温、pH変化などで変性して立体構造が
不可逆的に変化してしまう（変性）。そのため、酵素が効果的に作用でき
るのは特定の温度、pH領域に限られることになる（**図13・13**）。

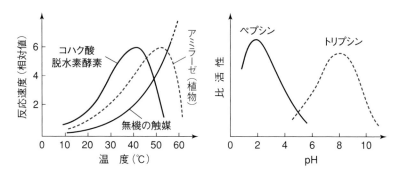

図13・13　酵素の活性と温度、pHとの関係

演習問題

13.1　必須アミノ酸にはどのようなものがあるか。

13.2　アミノ酸のD形、L形について説明せよ。

13.3　等電点について説明せよ。

13.4　ペプチド結合とはどのような結合か。

13.5　タンパク質の二次構造にはどのようなものがあるか。

13.6　複合タンパク質とはどのようなものか。

13.7　ヘモグロビンが超分子構造といわれるのはなぜか。

13.8　酵素が鍵と鍵穴の関係で作用するのはなぜか。

13.9　酵素が特定の温度、pH範囲でしか有効でないのはなぜか。

13.10　キウイを入れたゼリーを作ることができないのはなぜか。もし作るとしたらどのような工夫をすればよい
　　　か。

第14章 核 酸 —DNA と RNA—

核酸は遺伝の中心となって働く分子である。核酸には DNA と RNA の二種があるが、ともに 4 種類の単位分子からなる高分子であり、DNA は 2 本の高分子鎖がよじれ合わさった二重ラセン構造をとっている。

DNA は母細胞から娘細胞へ遺伝情報を伝達する役割を担い、細胞分裂に際して分裂複製する。DNA はタンパク質の設計図にたとえることができる。それに対して RNA は娘細胞において DNA を元に生産され、DNA の指示に基づいてタンパク質の合成に関わる。

14・1 核酸の構造

14・1・1 基本構造 (図 14・1)

核酸には DNA (デオキシリボ核酸) と RNA (リボ核酸) があるが[*1]、基本的な構造はどちらもよく似ている。

すなわち、リン酸と糖が一つおきに結合した基本鎖の糖部分に 4 種の塩基が適当な順序で結合したものであり、天然高分子の一種である。こ

*1 DNA deoxyribonucleic acid
RNA ribonucleic acid

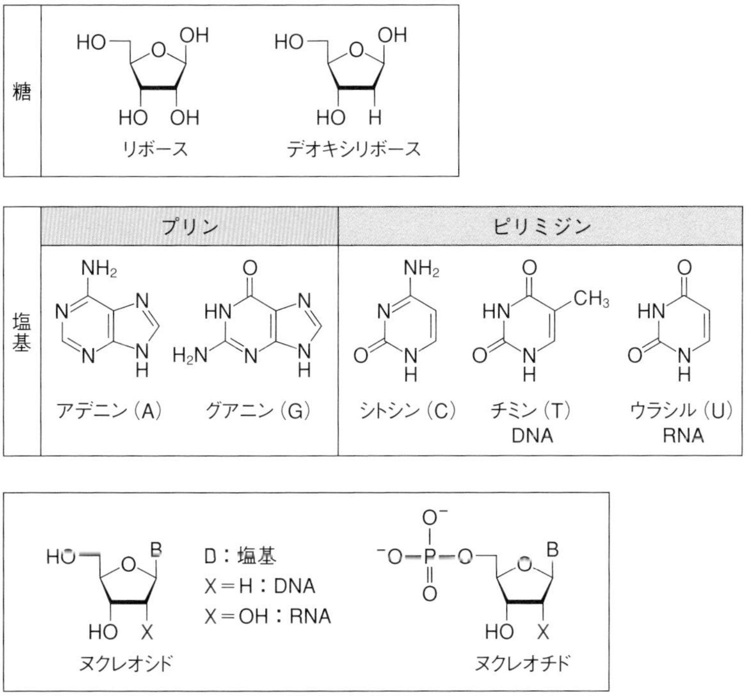

図 14・1 核酸を形成する物質

の様子は 4 種類のペンダントが何個も並んだ長いネックレスにたとえることもできよう。

A　塩基

塩基は二種類に分けることができ、**プリン塩基**[*2] に属するアデニン（記号 A）、グアニン（G）と、**ピリミジン塩基**に属するシトシン（C）、チミン（T）、ウラシル（U）がある。

DNA はこれらの塩基のうち A、T、G、C の 4 種を使い、RNA は A、U、G、C を使っている。

B　ヌクレオシドとヌクレオチド

塩基は 5 個の炭素からなる糖（五炭糖）に結合して**ヌクレオシド**となる。DNA と RNA の違いはこの糖の構造にある。すなわちヒドロキシ基 OH を 4 個持つリボースを用いるのが RNA であり、ヒドロキシ基が 3 個のデオキシリボースを用いるのが DNA である。

ヌクレオシドにリン酸が結合したものを**ヌクレオチド**と呼ぶ。したがって、核酸は 4 種類のヌクレオチドを単位分子とした天然高分子ということになる。

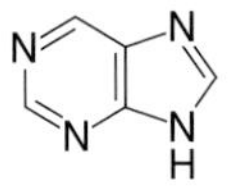

14・1・2　DNA の二重ラセン構造（図 14・2）

DNA は 2 本の DNA 分子鎖がよじれ合って**二重ラセン構造**を作っている。この構造で重要なことは、両方の DNA 分子鎖において塩基の間に水素結合ができているということである。そしてこの水素結合は A–T、G–C の間にだけ形成され、それ以外の組み合わせでは形成できない。

このことから、二重ラセンを構成している 2 本の DNA 分子鎖の間に

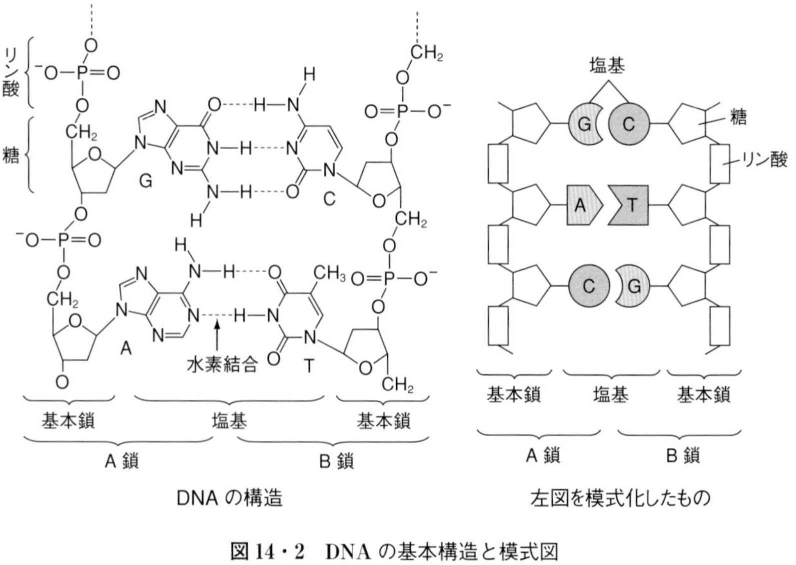

＊2　プリンと痛風

痛風は、関節に尿酸の結晶が析出し、それが神経を刺激することによって起こる病気である。非常に痛く、風が吹いたような小さな刺激でも激痛を感じることから痛風と呼ばれる。

痛風の原因物質の一つがプリン骨格（下図）を持つプリン体である。プリン体は体内で代謝されて尿酸になるからである。また、アルコールも脱水を引き起こすことから尿酸濃度を高め、痛風の原因になるといわれる。

DNA の構造　　　　左図を模式化したもの

図 14・2　DNA の基本構造と模式図

は、片方（図の A 鎖）の A（アデニン）には必ずもう片方（B 鎖）の T（チミン）が対応し、片方の G（グアニン）にはもう片方の C（シトシン）が対応するというように、A-T、G-C の対応が厳密に守られている[*3]。

14・2　DNA の機能と複製

DNA の機能は母細胞の持つ情報を娘細胞に伝えることである。DNA は自身を 2 個に複製することによって、その使命を果たすのである。

14・2・1　DNA の遺伝機能

DNA の機能は単純である。タンパク質の一次構造の設計図、すなわちアミノ酸の結合順序の指令を次世代に渡すだけである。

タンパク質はわずか 20 種類のアミノ酸からできており、そのアミノ酸を指定するための記号は、塩基の種類、すなわち 4 種類ある。4 種類の塩基のうち 3 種類を使っただけで、その組み合わせは $4 \times 4 \times 4 = 64$ 種類、すなわち全アミノ酸の種類をカバーして余りある[*4]。

DNA においては、3 種類の塩基の組み合わせでタンパク質を構成するアミノ酸の種類を指定する。これを**コドン**という。コドンとアミノ酸の対応を**表 14・1** に示した。同じアミノ酸を指定するのに数種類のコドンが存在するのは上に述べた事情によるものである。

表 14・1　コドンとアミノ酸の対応

第1字	第2字				第3字
	T	C	A	G	
T	フェニルアラニン フェニルアラニン ロイシン ロイシン	セリン セリン セリン セリン	チロシン チロシン 終止 終止	システイン システイン 終止 トリプトファン	T C A G
C	ロイシン ロイシン ロイシン ロイシン	プロリン プロリン プロリン プロリン	ヒスチジン ヒスチジン グルタミン グルタミン	アルギニン アルギニン アルギニン アルギニン	T C A G
A	イソロイシン イソロイシン イソロイシン メチオニン・開始	スレオニン スレオニン スレオニン スレオニン	アスパラギン アスパラギン リシン リシン	セリン セリン アルギニン アルギニン	T C A G
G	バリン バリン バリン バリン	アラニン アラニン アラニン アラニン	アスパラギン酸 アスパラギン酸 グルタミン酸 グルタミン酸	グリシン グリシン グリシン グリシン	T C A G

14・2・2　DNA の複製

DNA の重要な機能の一つは、細胞分裂に際して DNA も分裂、**複製**して二組の DNA 二重ラセン構造体となるということである。その仕組み

[*3]　この関係は人形焼とそれを作る焼型の関係になる。両者は裏表の関係でピッタリと一致する。このような関係を相補的な関係という。

[*4]　したがって、同じアミノ酸を指定するコドンが平均 3 種類程度存在することになる。

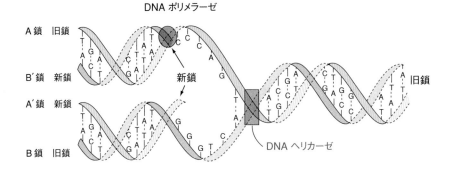

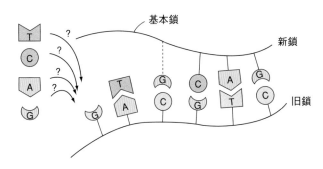

図 14・3　DNA の複製

抗がん剤の一種にアルキル化剤といわれるものがある。これは、二重ラセン構造を構成する 2 本の DNA 分子鎖を架橋構造で連結してしまうものである。すると DNA の複製において DNA ヘリカーゼが架橋構造に邪魔されてラセンをほどけなくなり、したがって複製が不可能になる。このようにして、がん細胞の増殖を食い止めるのである。このような働きをする抗がん剤には、白金製剤であるシスプラチンやカルボプラチンなどもある。

シスプラチン

カルボプラチン

を見てみよう（**図 14・3**）。

　まず元の（旧）二重ラセン構造の端に DNA ヘリカーゼという酵素が結合し、二重ラセン構造を旧 A 鎖と旧 B 鎖にほどいてゆく[*5]。すると、水素結合の相手を失ってむき出しになった旧鎖の塩基に、近傍にある対応する塩基が近づいて水素結合をする。もちろんこのときにも、A-T、G-C の対応は厳密に守られている。

　このような対応に従って何個かの塩基が結合したところで、次の酵素、DNA ポリメラーゼが新しい塩基を基本鎖（旧鎖）に結合してゆくのである。この結果、旧 A 鎖には新 B 鎖（B′ 鎖）が沿い、旧 B 鎖には新 A 鎖（A′ 鎖）が対応するが、新旧の A 鎖、新旧の B 鎖はそれぞれ全く同じものとなる。

　このようにして一組の DNA 二重ラセン体が二組に複製されるのである。

14・3　遺伝子と RNA の合成

　DNA は母細胞から娘細胞へと世代を越えて遺伝情報を伝える役割をする。

Column　ＡＴＰ

　生物が生きてゆくためにはエネルギーが必要である。生物はこのエネルギーを太陽光や代謝によって獲得する。しかし、獲得したエネルギーはその場で直ちに使い切るわけではない。生物はエネルギーを保管し、必要に応じて小出しにして使う。このエネルギー貯蔵を行う物質をATP（アデノシン三リン酸）という。

　ATPの構造は**図**のように、糖のリボースと塩基のアデニンからできたヌクレオシドに3個のリン酸部分が結合したものである。ATPから1個のリン酸部分が脱離するときにエネルギーが放出され、このときの残り部分をADPという。そしてADPがリン酸と結合してATPになるときにエネルギーを蓄積するのである。

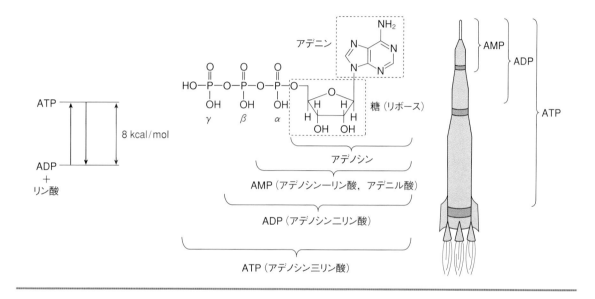

14・3・1　遺伝子

　DNAはわずか4種類の塩基構造からなる高分子であり、その構造は単純極まりないが、その分子としての長さはほかに例がないほど長い。すなわちヒトの場合、**染色体**[*6]23対全てを合わせると2mを超える長さとなる。

　このように長い遺伝情報量を使ってDNAが伝える情報は極めて明確であり、それはタンパク質、すなわちポリペプチドの一次構造、すなわちアミノ酸の結合順序でしかない。しかしこのように長いDNAの全ての部分が遺伝に関与しているわけではない。

　DNA全ての塩基配列を**ゲノム**という。しかしゲノムのうち、遺伝に直接関与するのは**遺伝子**と呼ばれる部分だけであり、それはゲノムの数％にすぎないといわれる（**図14・4**）。RNAはDNAからこの遺伝子部分を抽出したものであり、いわばDNAのエッセンスである。タンパク質合成はこの遺伝子部分、すなわちRNAを元にして行われる。

*6　細胞にあって遺伝に関係するものは核の中にある染色体である。染色体はいわばDNAの入れ物であり、ヒトの場合、一セットの染色体の中には一組のDNA二重ラセン構造体が入っている。そして全体のDNA（ゲノム）が23対に分断され、23対の染色体に入っているのである。

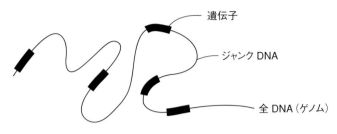

図 14・4 DNA 上の遺伝子

14・3・2 転 写

DNA の情報を元に RNA を合成することを**転写**という。転写は次のようにして行われる（**図 14・5**）。

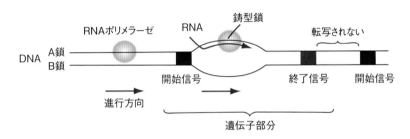

図 14・5 転写のしくみ

まず DNA ラセン構造体に酵素、RNA ポリメラーゼがセットされる。この酵素は図において左から右へと移動する。すると DNA における遺伝子情報の開始時点に、「RNA 転写開始」の表示（コドン）が現れる。すると、酵素は DNA 上の塩基配列に従って RNA の合成を始めるのである。そしてその後の DNA 塩基配列の通りに RNA を合成すると、転写終了の表示（コドン）が DNA 上に現れる。すると転写を終了する。すなわち 1 本の RNA の部分転写（合成）が終わったことになる[7]。

図 14・6 は、"1 本" の DNA 分子鎖から同時進行的に RNA 合成が行われることを表したものである。合成が先に進行した部分（図の右部分）では RNA は完成に近づいているが、合成が開始されて間もない左部分では RNA 分子鎖は短いままである。

RNA には役割に応じてメッセンジャー RNA（mRNA）やトランスファー RNA（tRNA）、リボソーム RNA（rRNA）などがある。mRNA はアミノ酸の配列順序を指定し、tRNA は mRNA の指定順序に従ってアミノ酸を運搬する（**図 14・7**）。

*7 DNA には遺伝子ごとに開始、終止のサインがある。したがって、RNA ポリメラーゼは 1 個の遺伝子部分を転写した後もさらに DNA 上を進行し、次の遺伝子部分を転写する。この結果、RNA は DNA の遺伝子部分だけをつなぎ合わせた構造となる。

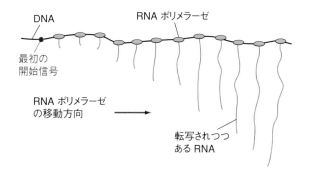

図 14・6　転写の進行
図では簡略化のため、二重ラセン DNA を 1 本の実線で
表している。

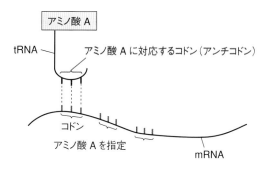

図 14・7　mRNA と tRNA の働き

14・4 RNA の機能

　RNA の機能はタンパク質を合成することである[8]。しかし RNA にできることは、DNA と同様にタンパク質の一次構造、すなわちアミノ酸の配列順序を指定することだけであり、実際にアミノ酸をその順序に並べて結合し、さらに指定の折りたたみ方（立体構造）に従ってたたむ、などの実働的作業は、全て酵素をはじめとした各種タンパク質が行う。

14・4・1　一次構造の作製

　タンパク質合成の第一段階、すなわちアミノ酸の結合は、細胞小器官の一種である**リボソーム**で行われる。

　リボソームに導かれた mRNA は、DNA の場合と同様のコドンによってアミノ酸の配列順序を指定している。その指定に従って tRNA が所定のアミノ酸を運んでくる（**図 14・7、14・8**）[9]。それを次々に脱水縮合してポリペプチドに仕立てるのは、またも RNA の触媒作用であり、それがリボソーム RNA である。

14・4・2　立体構造の作製

　ポリペプチドがタンパク質になるためには、固有の立体構造を獲得しなければならない。多くのタンパク質の場合には、タンパク質がいわば勝手に自分で水素結合を形成して折りたたまれるようである。

　しかし、複雑な構造のタンパク質の場合には、手助けをするものが必要となる。これがまたタンパク質であり、一般にシャペロン（介添え人）と呼ばれている。

*8　新型コロナウイルスワクチンは mRNA の機能を利用したものである。ふつうのワクチンと違って抗原を接種するのではなく、抗原のタンパク質を作ることを指示する mRNA を接種することで、被接種者に抗原を作らせるのである。mRNA は化学合成できるので短期間に安価で作ることができる。

*9　tRNA 上のコドンをアンチコドンという。

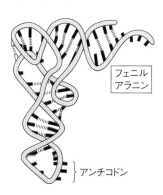

図 14・8　tRNA の例

14・5　遺伝子工学

　かつて遺伝は神の領域と考えられていたが、現在では遺伝情報の完全解読も可能となり、その情報を用いて生物の遺伝を人為的に操作することすら可能となった。このような研究を**遺伝子工学**という。

14・5・1　ゲノム解読

　生体の遺伝子の総体を**ゲノム**という。ヒトの場合には23対の染色体に各々10 cmほどの長さのDNAが存在する[10,11]。したがって総体では2 m以上もの長さになるが、これ全体をゲノムといい、人間の場合には塩基の総数として30億個に達するという。

　この塩基配列を明らかにすることを**ゲノム解読**という。現在では人間のゲノムすら解読されている。いくつかの生物のゲノムにおける塩基対数を**表14・2**に示した。

表14・2　全ゲノム配列のわかっている生物

生物種	ゲノムの大きさ （×10^6 塩基対）	決定時期
インフルエンザウイルス	1.8	1995 年
大腸菌	4.6	1997
線虫 (*C. elegans*)	97.0	1998
ヒト	3,000.0	2001

14・5・2　遺伝子組換え（図14・9）

　生物Aの遺伝子の特定部分を切り取り、ほかの生物Bの遺伝子の特定部分を付け加えることを**遺伝子組換え**という[12]。遺伝子の切り取りには、特定の塩基配列の部分を選択的に切り取る機能を持つ酵素である制限酵素を用いる。また、遺伝子の結合にはDNAリガーゼという酵素を用いる[13]。

*10　普段の細胞では二重ラセンDNAは鎖状になって核の中にあるが、細胞分裂のときには染色体を構成する。

*11　1個の染色体には1本の二重ラセンDNAが複雑に折りたたまれている。

*12　遺伝子組換えは、将来は遺伝子疾患の治療に役立てることができるものと期待されている。しかし、全く新種の生物を出現させる可能性もあることなどから、実用はもちろん、実験にも厳しい制限が課せられている。

*13　最近ゲノム編集技術が話題を呼んでいる。遺伝子組換えが種類の違う生物の遺伝子を継ぎ合わせるのに対して、ゲノム編集は自分のDNAの一部分を削除したり、並び順を変えたりするだけである。鯛のDNAには筋肉量を一定以上に増やさない遺伝子が入っている。この遺伝子を壊すと筋肉モリモリのマッチョ鯛が発生するという。

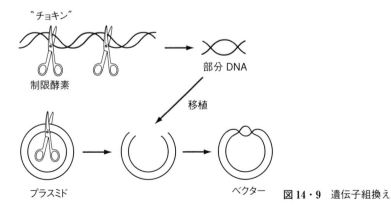

図14・9　遺伝子組換え

Column　不老不死

　クローン技術を使えば、自分の細胞から一人の人間を誕生させることが可能である。この人間は自分と同一のDNAを持つものであり、自分と同一の分身である。その意味で人間は不死になることができるかもしれない。

　細胞の寿命はDNAの中に組み込まれている。染色体（DNA）の端にはテロメアという部分があり、ここは遺伝情報は持っていない。しかし、DNAが複製されると

き、このテロメアの端部分は複製されない。このような複製を何回か繰り返すとテロメア部分はなくなってしまう。これが細胞の寿命だというのである。テロメアはいわば回数券である。

　しかし、テロメラーゼという酵素はテロメアを作り出すことが知られている。生殖細胞やがん細胞にはテロメラーゼが存在している。

　このようにしてできた合成DNAを**ベクター**（運び屋）といい、大腸菌などの環状DNA（プラスミド）を利用する。このベクターを検体の細胞に入れると、細胞内で特定DNA断片に相当するタンパク質が合成される。

14・5・3　クローン（図14・10）

　遺伝子工学ではないが、遺伝に関係した研究として**クローン**[*14]の作製が注目されている。これは上皮細胞の核を、核を除いた卵子に移植するものである。すると卵子の遺伝子（DNA）は上皮細胞の持ち主と全く同じになり、これが成長した生物は上皮細胞の持ち主の個体と遺伝子的に全く同じ個体ということになる[*15]。

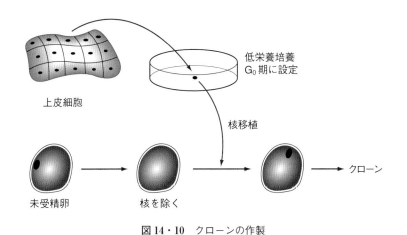

低栄養培養
G_0期に設定

核移植

上皮細胞

未受精卵　　核を除く　　　　　　　　　　クローン

図14・10　クローンの作製

[*14] クローン技術によって誕生した動物では羊のドリーが有名である。ドリーは羊としては短命だったが、現在ではクローンマウスの繁殖に成功している。

[*15]　iPS細胞
　受精卵は分裂を繰り返して髪や皮膚や心臓になる。しかし髪になってしまった細胞は心臓になることはない。このように、無限の可能性を秘めていた受精卵の細胞は、ある時期を過ぎると一つの可能性（髪になる）だけを残してほかの可能性を放棄する。
　iPS細胞は、この可能性を放棄した細胞が再度無限の可能性を獲得したものである。したがって、いわば受精卵の初期細胞のようなものであるが、受精卵という生命あるものを操作しなくてもよいというメリットがある。

14・5・4　細胞融合（図14・11）

　これも遺伝子を直接操作するものではないが、現在広く用いられている技術である。すなわち、異なる生物AとBの細胞の混合溶液に、特殊ウイルス（センダイウイルス）を感染させる、高電圧を印加する、などす

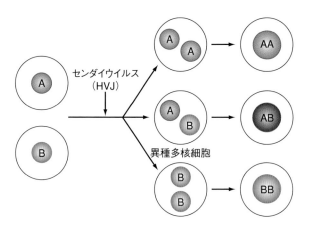

図14・11 細胞融合

ると、1個の細胞に2個の核が入ることがある。この核はやがて融合して、両方の細胞の遺伝子を併せ持った新細胞ができる。これを**細胞融合**という。

　研究初期には、トマトの細胞とポテトの細胞を融合して、地上部ではトマト、地下部ではポテトの収穫できるポマトなどが試作された。現在では、害虫に強くて収穫量の多いダイズなどが実用化されている。

演習問題

14.1　DNA と RNA それぞれを構成する塩基の種類をあげよ。

14.2　塩基のほかに、DNA と RNA で構成分子の違いはあるか。

14.3　A-T、G-C 以外の組み合わせ、例えば A-G では効果的な水素結合が形成されないことを確認せよ。

14.4　生物によっては DNA が環状構造になっているものがある。どのような生物か。

14.5　DNA のうち、遺伝子以外の部分はジャンク DNA と呼ばれる。ジャンクとはどのような意味か。

14.6　mRNA と tRNA の役割の違いを説明せよ。

14.7　シャペロンとはどのような機能を持つものか。

14.8　遺伝子組換えについて説明せよ。

14.9　クローンについて説明せよ。

14.10　細胞融合について説明せよ。

演習問題解答

第1章　原子の構造と放射能

1.1 略

1.2

元素	陽子の数	中性子の数	電子の数
O	8	8	8
C	6	6	6
H	1	0	1
N	7	7	7

1.3 (a) ホウ素 B　　(b) マグネシウム Mg　　(c) リン P

1.4 周期表を参考にすると、$^{67}_{31}$Ga

1.5 ^{123}I : (a) 53　(b) 123　(c) 53　(d) 70　(e) 53

　　　^{131}I : (a) 53　(b) 131　(c) 53　(d) 78　(e) 53

1.6 (a) $^{59}_{27}$Co：陽子数27、　中性子数32、　電子数27

　　　(b) $^{226}_{88}$Ra：陽子数88、　中性子数138、　電子数88

　　　(c) $^{268}_{92}$U：陽子数92、　中性子数176、　電子数92

1.7 (a) 窒素 $^{15}_{7}$N　　(b) フッ素 $^{18}_{9}$F　　(c) セシウム $^{137}_{55}$Cs

1.8 $^{27}_{13}$Al + $^{4}_{2}$He^{2+} $\longrightarrow$ $^{30}_{15}$P + $^{1}_{0}$n

1.9 $^{60}_{27}$Co $\longrightarrow$ $^{56}_{25}$Mn + $^{4}_{2}$He^{2+}

1.10 $^{40}_{19}$K $\longrightarrow$ $^{40}_{20}$Ca + $^{0}_{-1}$e

第2章　原子の電子構造

2.1 (a)　　　　　　　(b)　　　　　　　(c)

2.2 (a) O　　(b) P　　(c) Ca

2.3 (a) ↑↓ ↑↓ ↑↓↑↓↑↓ ↑
　　　　　1s² 2s² 2p⁶ 3s¹

　　　(b) ↑↓ ↑↓ ↑↓↑↓↑↓ ↑↓ ↑↓↑↑
　　　　　1s² 2s² 2p⁶ 3s² 3p⁴

　　　(c) ↑↓ ↑↓ ↑↓↑↓↑
　　　　　1s² 2s² 2p⁵

2.4 (a) N　　(b) Mg　　(c) Si

2.5 (a) $1s^2 2s^2 2p^1$　　(b) $1s^2 2s^2 2p^6 3s^2 3p^6$　　(c) $1s^2 2s^1$

2.6 (a) Ne　　(b) Na　　(c) Be　　(d) Cl

2.7 (a) Na·　　(b) ·S̈·　　(c) ·Mg·　　(d) ·C̈l:

2.8 (a) 0　　(b) 1　　(c) 4　　(d) 0

2.9 (a) 1　　(b) 4　　(c) 1　　(d) 2

2.10 (a) 1　　(b) 6　　(c) 2　　(d) 7

第3章　周期表と元素

3.1 略

3.2 14族元素：C、Si、Ge、Sn、Pb、Fl

　　　第3周期元素：Na、Mg、Al、Si、P、S、Cl、Ar

3.3 Al：第3周期、13族；O：第2周期、16族；Xe 第5周期、18族；I：第5周期、17族；K：第4周期、1族；

　　　Mg：第3周期、2族；Si：第3周期、14族；As：第4周期、15族；Zn：第4周期、12族

3.4 典型元素：C、Na、P、Ar、Ca、B、S

　　　遷移元素：Cu、Fe、Mn

　　　金属元素：Na、Cu、Fe、Ca、Mn

　　　非金属元素：C、P、Ar、B、S

3.5 a) Br < Cl < F　　b) Ar < Ne < He　　c) S < Cl < Ar

3.6 a) F > O > N　　b) Cl > F > Br　　c) Li > Na > K

3.7 a) B < Be < Li　　b) O < S < Se　　c) Cl < S < P

3.8 Mg

3.9 S^{2-}

3.10 骨の主成分である Ca とラジウム Ra は同族元素であり、性質が似ているから。

第4章　化学結合と分子

4.1 (a) と (d)

4.2 (a) Ar　　(b) Ne　　(c) He　　(d) Ar

4.3 (a) と (c)

4.4 (b) と (c)

4.5 イオン結合からなる化合物：NaF、KOH、BaO、AgCl

　　　共有結合からなる化合物：CO、NH_3

4.6 共有結合：(c)、(d)　　極性共有結合：(a)　　イオン結合：(b)

4.7 極性分子：(c)、(d)　　非極性分子：(a)、(b)

4.8

4.9 (d)

4.10 (a)、(b)

第5章　物質の量と状態

5.1 35.5

5.2 (a) 32　　(b) 44　　(c) 98　　(d) 63　　(e) 100　　(f) 310　　(g) 95　　(h) 23

5.3

物質	物質量 (mol)	分子の個数 (個)	質量 (g)	標準状態の体積 (L)
水素	1	6×10^{23}	2	22.4
ヘリウム	0.5	3×10^{23}	2	11.2
窒素	2	1.2×10^{24}	56	44.8
二酸化炭素	0.25	1.5×10^{23}	11	5.6

5.4 50 g

5.5 100 mL

5.6 1.99×10^3 mg

5.7 1 mol/L

5.8 (1) 9.00 g　　(2) 0.154 mol/L

5.9 (1) 11.6 mol/L　　(2) 8.6 mL

5.10 $pv/T = p'v'/T'$　　$(500 \times 10)/300 = (100 \times v')/273$　　$v' = 45.5$ (L)

5.11 (1) 気化が、液体の表面で起こる蒸発だけでなく内部からも起こる現象。

(2) 固相、液相、気相の三相が共存する平衡状態で物質に固有の温度・圧力条件。

(3) 臨界点以上の温度・圧力下における物質の状態。気体と液体の区別がつかない状態で、気体の拡散性と、液体の溶解性を持つ。

第6章　溶液の化学

6.1 食塩水の電解質の Na^+ と Cl^- はそれぞれ水分子 H_2O と静電引力で水和し、水に溶解して溶液となる。一方、非電解質のグルコースは、グルコースのヒドロキシ基 $-OH$ が水分子と水素結合により水和し、水に溶解して溶液となる。

6.2 $\dfrac{6}{137.2} = \dfrac{x}{100}$　　$x = 4.37$ g

6.3 1.7 g　　3.4 g

6.4 分子量を M とすると、質量モル濃度は m (mol/kg) $= ((10\,[\text{g}]/M\,[\text{g/mol}])/0.1\,[\text{kg}])$

$\Delta t_f = K_f m$　　$4.65 = 1.85 \times ((10/M)/0.1)$　　$M = 40$

6.5 質量モル濃度は m (mol/kg) $= ((60\,[\text{g}]/342\,[\text{g/mol}])/0.2\,[\text{kg}])$

$\Delta t_b = K_b m$　　$\Delta t_b = 0.52 \times ((60/342)/0.2) = 0.456\cdots$　　$100 + 0.46 = 100.46\,℃$

6.6 $\Pi V = inRT = i\,(w/M)\,RT$ から、グルコースの分子量 180 を代入すると、次の式で表される。

$7.75 \times 10^5 \times 1 = (w/180) \times 8.31 \times 10^3 \times 310$　　　　$w = 54.2$ g

食塩の式量 58.5 を代入すると、次の式で表される。

$7.75 \times 10^5 \times 1 = 2 \times (w/58.5) \times 8.31 \times 10^3 \times 310$　　　　$w = 8.80$ g

6.7 (1) 0.90 w/v% 塩化ナトリウム水溶液は、水溶液 100 mL 中に NaCl が 0.90 g、つまり、水溶液 1 L 中に NaCl が 9.0 g 溶けている。塩化ナトリウム水溶液の容量モル濃度 C (mol/L) は 9.0 (g/L) を塩化ナトリウムの式量 58.5 で割ることにより求めることができる。

$\Pi = iCRT = 2 \times (9/58.5) \times 8.31 \times 10^3 \times 310 = 7.9 \times 10^5$ Pa

(2) 5.0 w/v% ブドウ糖水溶液は、水溶液 100 mL 中にブドウ糖が 5.0 g、つまり、水溶液 1 L 中にブドウ糖が 50 g 溶けている。ブドウ糖水溶液の容量モル濃度 C (mol/L) は 50 (g/L) をブドウ糖の分子量 180 で割ることにより求めることができる。

$\Pi = CRT = (50/180) \times 8.31 \times 10^3 \times 310 = 7.2 \times 10^5$ Pa

6.8 (a) 膨張し破裂→溶血　　(b) 変わらない　　(c) 収縮

6.9 A コロイド　　B チンダル　　C ブラウン　　D 透析　　E 電気泳動　　F 凝析　　G 塩析　　H ゾル
　　　I ゲル　　J キセロゲル

6.10 (a) 親水コロイド：少量の電解質を加えても凝析しないコロイド

　　　(b) 疎水コロイド：電解質溶液を少量加えたとき、凝析を起こしやすいコロイド

　　　(c) 保護コロイド：疎水コロイドを凝析しないように安定にするために加える親水コロイド

第7章　酸・塩基と酸化と還元

7.1 (1) 強酸　　(2) 強酸　　(3) 強酸　　(4) 弱酸　　(5) 弱酸　　(6) 弱酸　　(7) 強塩基　　(8) 弱塩基
　　　(9) 強塩基　　(10) 強塩基　　(11) 強塩基

7.2 $2 \times 0.25 \times 18 = 1 \times 0.90 \times v'$　　$v' = 10$ (mL)

7.3 (1) a　　(2) c　　(3) a　　(4) b

7.4 (1) pH 2　　(2) pH 3　　(3) pH 13　　(4) pH 11

7.5 (1) 1.0×10^{-3} mol/L　　(2) 1.0×10^{-7} mol/L　　(3) 1.0×10^{-13} mol/L

7.6 1.6×10^{-3} mol/L

7.7 ヘンダーソン-ハッセルバルヒの式から　$pH = 6.1 + \log(0.023/1.16 \times 10^{-3}) = 7.3972\cdots \fallingdotseq 7.4$

7.8 (1) $+6$　　(2) -1　　(3) $+4$　　(4) 0　　(5) $+6$　　(6) $+5$　　(7) -3　　(8) $+4$

7.9 (1) 酸化された物質 Ag：Ag $(0 \to +1)$　　還元された物質 O_2：O $(0 \to -2)$
　　　(2) 酸化された物質 NO：N $(+2 \to +4)$　　還元された物質 O_2：O $(0 \to -2)$
　　　(3) 酸化された物質 K：K $(0 \to +1)$　　還元された物質 H_2O：H $(+1 \to 0)$

7.10 (1) b　　(2) a　　(3) c

第8章　有機化合物の構造

8.1 飽和化合物：メタン、エタン、プロパン　　不飽和化合物：左記以外

8.2

H–S–H　　O=S=O　　H–O–S–O–H

硫化水素　二酸化硫黄　　　　　硫酸
　　　（亜硫酸ガス）

8.3

メタン	エタン	エチレン	アセチレン	ベンゼン	ブタジエン
109.5°	109.5°	120°	180°	120°	120°

8.4 平面：エチレン、ベンゼン　　直線：二酸化炭素、アセチレン

8.5

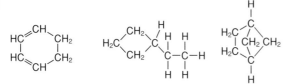

8.6

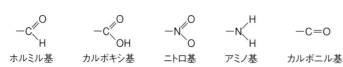

ホルミル基　　カルボキシ基　　ニトロ基　　アミノ基　　カルボニル基

8.7

エタノール　　アセトアルデヒド　　酢酸　　　　アセトン　ホルムアルデヒド

8.8　① フェノール、ギ酸　　② メチルアミン　　③ アセトアルデヒド、ギ酸

　　　注：ギ酸の構造は であり、ホルミル基があるのでアルデヒドの性質を持つ。

8.9　KCN ＋ H⁺ → K⁺ ＋ HCN によって発生した HCN がヘモグロビンに不可逆的に結合するのでヘモグロビンが酸素運搬できなくなり、そのために細胞が死ぬ。

8.10　無水エタノール：エタノールから不純物としての水を除いたもの。

　　　変性エタノール：有害成分を混ぜて飲用に適さなくしたもの。酒税がかからないので、普通のエタノールより価格が安くなる。

8.11　p.72 参照。

8.12　a：アミノ基 、　カルボキシ基

　　　b：ヒドロキシ基 ─OH、　カルボキシ基 、　フェニル基

8.13　爆薬ダイナマイトの原料と狭心症の特効薬。

第 9 章　異性体と立体化学

9.1

9.2

9.3

注：実際には はともに存在せず に異性化してしまう。

9.4

　イミノ基　　　アミノ基

9.5

9.6

演習問題解答

9.7

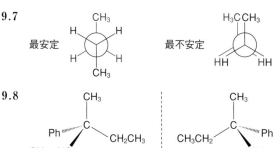

最安定　　　　　　　最不安定

9.8

| CH₃ Ph—C—CH₂CH₃ (CH₂=HC) | CH₃ CH₃CH₂—C—Ph (CH=CH₂) |

9.9

2-ブタノール　2-プロパノール　2-ペンタノール　3-ペンタノール

鏡像異性体が存在するのは 2-ブタノールと 2-ペンタノール。

9.10 偏光サングラス、立体映画、液晶モニター、液晶テレビなど。

第10章 有機化学反応

10.1 簡易冷却パッド、水の蒸発 (夏の打ち水) など。

10.2

$$H-O-H \quad (\delta+\ \delta-\ \delta+)$$

$$CH_3-C(\overset{\delta-}{=}O)-O-H \quad (\delta+\ ;\ \delta-\ \delta+)$$

10.3 a：Cl^-、OH^-　　b：NO_2^+、$^+SO_3H$、R^+

10.4 a

10.5 体重 (食べる量と出る量のつり合い)　　家計 (収入と支出のバランス)　　など。

10.6 中間体：多段階反応の途中に現れるもので、エネルギー曲線の極小に位置する。単離することができる。

遷移状態：多くの反応の途中に現れるもので、エネルギー曲線の極大に位置する。単離することはできない。

10.7 活性化エネルギー：反応の出発物と遷移状態の間のエネルギー差。反応速度に影響する。

反応エネルギー：反応の出発物と生成物の間のエネルギー差。

10.8 多段階反応において反応速度の最も遅い反応であり、反応全体の速度を律する段階。

10.9 $(1/2)^n = 0.06$　　∴ $n = 4$　　1時間 × 4 = 4時間

10.10 A：$R-OH$　　B：$R-Cl$　　C：$R-NH_2$

10.11

A：(CH_3)　　B：(NO_2)　　C：(SO_3H)

10.12

A：($C_6H_5-C(=O)-O-CH_3$)　　B：($C_6H_5-O-C(=O)-CH_3$)　　C：$CH_3-C(=O)-O-CH_3$

10.13 A：$CH_3-CH_2-CH_3$　　B：CH_3-CH_2-OH　　C：R_2HC-CR_2Cl

148

第 11 章 高分子化合物

11.1 高分子：単位分子が共有結合で結合

超分子：単位分子が分子間力で結合

11.2 PET：エステル結合　　ナイロン：アミド結合　　セルロース：エーテル結合

11.3 ポリエチレン：$H_2C=CH_2$

PET：$HOCH_2CH_2OH$ ／

ナイロン：$H_2N(CH_2)_6NH_2$ ／

フェノール樹脂：フェノールとホルムアルデヒド

11.4 熱可塑性樹脂：加熱すると軟らかくなる。分子は長鎖構造である。

熱硬化性樹脂：加熱しても軟らかくならない。分子は三次元網目構造である。

11.5 熱硬化性樹脂の原料であるホルムアルデヒドのうち、未反応のものが不純物として製品中に残ることがある。これがしみ出すとシックハウス症候群の原因になる。しかし、時間がたつとしみ出す分がなくなってしまう。そのため、新築の家に起こりやすい。

11.6 硫黄原子がゴムの分子鎖間に架橋構造を作るため。

11.7 合成樹脂は主に非晶性構造。合成繊維は結晶性構造。

11.8 三次元のケージ（かご）型構造で水を保持。また、吸水すると置換基のカルボン酸塩部分 $-CO_2Na$ が電離して $-CO_2^-$ となり、静電反発によってケージが大きくなり、さらに大量の水を吸うことになる。

11.9 汎用樹脂：安価で大量に使われる。

エンプラ：高価で使用量は少ないが、耐熱性が高く、高性能。

11.10 次の反応のように、酸・塩基を反応させる。

陽イオン交換樹脂：$R\text{-}SO_3Na + HCl \longrightarrow R\text{-}SO_3H + NaCl$

陰イオン交換樹脂：$R\text{-}NR_3'Cl + NaOH \longrightarrow R\text{-}NR_3'OH + NaCl$

第 12 章 糖類と脂質

12.1 スクロース：グルコース ＋ フルクトース　　マルトース：グルコース ＋ グルコース

ラクトース：グルコース ＋ ガラクトース

12.2 デンプン：α-グルコース　　セルロース：β-グルコース

アミロース：α-グルコース　　アミロペクチン：α-グルコース

12.3 ヒアルロン酸、ヘパリン、キチン、キトサンなど。

12.4 蝋の成分となるアルコールは一価アルコールであるが、アシルグリセロールのアルコールは二価のグリセロールである。

12.5 炭素間不飽和結合を持つものが不飽和脂肪酸、持たないものが飽和脂肪酸。

12.6

12.7 生体機能を調節する微量物質のうち、ヒトが自分で作ることのできるものがホルモン、自分で作れないものがビタミン。

12.8 カロテンが体内で酸化分解されるとビタミン A になるから。

12.9 洗剤の泡、シャボン玉、細胞膜など。

12.10 細胞内物質の格納と保護、生化学反応の反応場など。

第13章 アミノ酸とタンパク質

13.1 表 13・1 (p.126) 参照。

13.2 アミノ酸には不斉炭素があるので鏡像異性体が存在する。その片方を D 形、もう片方を L 形という。

13.3 アミノ酸が電離せずに存在する pH。

13.4 アミノ酸が作るアミド結合。

13.5 α-ヘリックスと β-シート。

13.6 ミオグロビンのように、タンパク質とそれ以外の分子が結合したタンパク質。

13.7 4個の単位タンパク質が分子間力によって結合し、一定の再現性のある構造体を作っているから。

13.8 酵素と基質の間に水素結合が形成されるから。

13.9 酵素はタンパク質性であり、タンパク質は条件によって不可逆的に変性するから。

13.10 ゼリーはタンパク質の一種であるコラーゲンからできている。キウイはタンパク質を分解する酵素を持っているので、ゼリーが固まらなくなる。ゼリーを作るには、キウイを加熱して酵素を失活させればよい。

第14章 核酸 —DNA と RNA—

14.1 DNA：アデニン、グアニン、シトシン、チミン

RNA：アデニン、グアニン、シトシン、ウラシル

14.2 DNA の糖はデオキシリボース、RNA の糖はリボース。

14.3 二重ラセンの距離に A と G が近づくと、下図のように水素結合すべき原子同士が近寄り過ぎて水素結合ができなくなる。

14.4 大腸菌などの原核生物。

14.5 不要品の意味。

14.6 mRNA：アミノ酸の配列順序を指定する。

tRNA：指定のアミノ酸を運搬する。

14.7 ポリペプチドに特定の立体構造を与える。

14.8 ある生物の DNA にほかの生物の DNA の一部を組み込むこと。

14.9 ある生物個体の細胞からその個体全体を復元すること。

14.10 ある細胞の核とほかの細胞の核を合体させること。

索　引

著者略歴

齋藤 勝裕 1945年新潟県生まれ. 東北大学大学院理学研究科博士課程修了, 理学博士. 名古屋工業大学講師, 同教授等を経て, 現在 名古屋工業大学名誉教授

荒井 貞夫 1948年埼玉県生まれ. 東京都立大学大学院工学研究科博士課程修了, 工学博士. 東京都立大学工学部講師, 同助教授, 東京医科大学医学部教授, 法政大学生命科学部教授等を経て, 現在 東京医科大学名誉教授

久保 勘二 1968年大阪府生まれ. 九州大学大学院総合理工学研究科博士課程修了, 博士（工学）. 神奈川大学工学部助手, 九州大学先導物質科学研究所助手, 北海道医療大学歯学部准教授等を経て, 現在 北海学園大学工学部教授

コ・メディカル化学 —医療・看護系のための基礎化学—（改訂版）

2013年11月30日	第 1 版 1 刷 発 行
2022年 2 月25日	第 7 版 3 刷 発 行
2022年11月15日	［改訂］第1版1刷発行
2024年 1 月30日	［改訂］第1版2刷発行

検印省略

定価はカバーに表示してあります.

著作者	齋 藤 勝 裕
	荒 井 貞 夫
	久 保 勘 二
発行者	吉 野 和 浩
	東京都千代田区四番町 8-1
	電話 03-3262-9166（代）
	郵便番号 102-0081
発行所	株式会社 裳 華 房
印刷所	三報社印刷株式会社
製本所	牧製本印刷株式会社

一般社団法人
自然科学書協会会員

JCOPY〈出版者著作権管理機構 委託出版物〉
本書の無断複製は著作権法上での例外を除き禁じられています. 複製される場合は, そのつど事前に, 出版者著作権管理機構（電話03-5244-5088, FAX03-5244-5089, e-mail:info@jcopy.or.jp）の許諾を得てください.

ISBN 978-4-7853-3524-3

メディカル化学（改訂版）－医歯薬系のための基礎化学－

齋藤勝裕・太田好次・山倉文幸・八代耕児・馬場　猛 共著
B5判／2色刷／288頁／定価 3630円（税込）

初学者向けの平明な解説に加え，有機化学・生化学につなぐための有機化学反応や有機化合物およびさまざまな生体分子の解説，医療現場で役立つ知識も満載した.

【目次】1. 原子の構造と性質　2. 化学結合と混成軌道　3. 結合のイオン性と分子間力　4. 配位結合と有機金属化合物　5. 溶液の化学　6. 酸・塩基と酸化・還元　7. 反応速度と自由エネルギー　8. 有機化合物の構造と種類　9. 有機化合物の異性体　10. 有機化学反応　11. 脂質　12. 糖質　13. アミノ酸とタンパク質　14. 核酸　15. 環境と化学　補遺A. 活性酸素・活性窒素と生体反応　補遺B. 生体補完材料

薬学系のための基礎化学

齋藤勝裕・林　一彦・中川秀彦・梅澤直樹 共著
B5判／2色刷／170頁／定価 2860円（税込）

薬学系学部で学ぶ大学生を主な対象とする基礎化学教科書. 新しい「薬学教育モデル・コアカリキュラム」の内容に準拠し，高校化学の基礎知識がなくとも無理なく薬学に必要な化学を習得できるよう編集されている. 章末には復習問題に加えて薬剤師国家試験類題も収録，到達度を確認しながら学習を進めることができる.

【目次】1. 原子構造　2. 電子配置と原子の性質　3. 周期表　4. 化学結合　5. 物質の状態　6. 溶液の化学　7. 酸・塩基　8. 酸化・還元　9. 典型元素各論　10. 遷移元素各論　11. 化学熱力学　12. 反応速度論　13. 有機分子の構造　14. 有機化合物の種類と反応　15. 基本的な生体分子

医学系のための生化学

石崎泰樹 編著　B5判／2色刷／338頁／定価 4730円（税込）

医師，看護師，薬剤師等を目指す学生にとって，生化学は人体の正常な機能を理解する上で，解剖学や生理学と並んで必須の学問であり，疾患，とくに代謝疾患，内分泌疾患，遺伝性疾患などを理解するために生化学的知識は欠かせないものである. 本書は，医療の分野に進む学生に対して，できるだけ利用しやすい生化学の教科書を目指して執筆したものである. そのため図を多用し，細かな化学反応機構についての記載は省略した. また各章末には，理解度を確かめられる確認問題または応用的知識の自主的な獲得を促す応用問題を配置した. これらの問題は可能な限り症例を用い，bench-to-bedside 的な視点を読者に提供できるように心掛けた.

【目次】第Ⅰ部 序論／第Ⅱ部 生体高分子／第Ⅲ部 代謝／第Ⅳ部 遺伝子の複製と発現／第Ⅴ部 情報伝達系

医薬系のための生物学

丸山　敬・松岡耕二 共著　B5判／3色刷／232頁／定価 3300円（税込）

医学系，薬学系，看護系など医療系に必須な生物学の基礎知識と応用力の習得を目的とし，豊富な図表とともに具体的な薬の名称や働きを織り交ぜながら，平易に解説. 学生の意欲を喚起するために最先端の「薬学ノート」「コラム」「トピックス」など適宜織り込み，さらに章の最後に演習問題と，巻末にその解答を掲載した.

【目次】1. 生命とタンパク質　2. 酵素と酵素阻害薬　3. DNAと放射線障害　4. RNAと細胞の構造　5. 生体膜と細胞小器官　6. シグナル伝達　7. ホルモン　8. 糖質代謝と糖尿病　9. 脂質　10. ウイルス・細菌・植物　11. 細胞運動・細胞分裂・幹細胞　12. 免疫　13. 癌　14. 脳と神経　15. 薬物と臓器

ゲノム創薬科学

田沼靖一 編　A5判／2色刷／322頁／定価 4840円（税込）

ヒトゲノム情報を基にした理論的創薬である「ゲノム創薬」が，さまざまな分野と連携しながら急速に進展している. 本書は，「個別化医療」から，さらには「精密医療」を見すえた「ゲノム創薬科学」の現状と展望を，各分野の専門家が分かりやすく解説した，これまでにない実践的な教科書・参考書である.

化学でよく使われる基本物理定数

量	記 号	数 値
真空中の光速度	c	$2.99792458 \times 10^8 \mathrm{m\,s^{-1}}$（定義）
電気素量	e	$1.602176634 \times 10^{-19} \mathrm{C}$（定義）
プランク定数	h	$6.62607015 \times 10^{-34} \mathrm{J\,s}$（定義）
	$\hbar = h/(2\pi)$	$1.054571818 \times 10^{-34} \mathrm{J\,s}$（定義）
原子質量定数	$m_\mathrm{u} = 1\,\mathrm{u}$	$1.66053906660\,(50) \times 10^{-27} \mathrm{kg}$
アボガドロ定数	N_A	$6.02214076 \times 10^{23} \mathrm{mol^{-1}}$（定義）
電子の静止質量	m_e	$9.1093837015\,(28) \times 10^{-31} \mathrm{kg}$
陽子の静止質量	m_p	$1.67262192369\,(51) \times 10^{-27} \mathrm{kg}$
中性子の静止質量	m_n	$1.67492749804\,(95) \times 10^{-27} \mathrm{kg}$
ボーア半径	$a_0 = \varepsilon_0 h^2/(8 m_\mathrm{e} e^2)$	$5.29177210903\,(80) \times 10^{-11} \mathrm{m}$
真空の誘電率	ε_0	$8.8541878128\,(13) \times 10^{-12} \mathrm{C^2\,N^{-1}\,m^{-2}}$
ファラデー定数	$F = N_\mathrm{A} e$	$9.648533212 \times 10^4 \mathrm{C\,mol^{-1}}$（定義）
気体定数	R	$8.314462618 \mathrm{J\,K^{-1}\,mol^{-1}}$（定義）
		$= 8.205736608 \times 10^{-2} \mathrm{dm^3\,atm\,K^{-1}\,mol^{-1}}$（定義）
		$= 8.314462618 \times 10^{-2} \mathrm{dm^3\,bar\,K^{-1}\,mol^{-1}}$（定義）
セルシウス温度目盛におけるゼロ点	T_0	$273.15\,\mathrm{K}$（定義）
標準大気圧	P_0, atm	$1.01325 \times 10^5 \mathrm{Pa}$（定義）
理想気体の標準モル体積	$V_\mathrm{m} = R T_0/P_0$	$2.241396954 \times 10^{-2} \mathrm{m^3\,mol^{-1}}$（定義）
ボルツマン定数	$k_\mathrm{B} = R/N_\mathrm{A}$	$1.380649 \times 10^{-23} \mathrm{J\,K^{-1}}$（定義）

数値は CODATA（Committee on Data for Science and Technology）2018 年推奨値.
（　）内の値は最後の2桁の誤差（標準偏差）.

圧力の換算

単 位	Pa	atm	Torr (mmHg)
1 Pa $(= 1\,\mathrm{N\,m^{-2}})$	1	9.86923×10^{-6}	7.50062×10^{-3}
1 atm	1.01325×10^5	1	760
1 Torr (mmHg)	1.33322×10^2	1.31579×10^{-3}	1

$$1\,\mathrm{Pa} = 1\,\mathrm{N\,m^{-2}} = 10^{-5}\,\mathrm{bar} \qquad 1\,\mathrm{atm} = 1.01325\,\mathrm{bar}$$

エネルギーの換算

単 位	J	cal	$\mathrm{dm^3\,atm}$
1 J	1	2.39006×10^{-1}	9.86923×10^{-3}
1 cal	4.184	1	4.12929×10^{-2}
$1\,\mathrm{dm^3\,atm}$	1.01325×10^2	2.42173×10^1	1

単 位	J	eV	$\mathrm{kJ\,mol^{-1}}$	$\mathrm{cm^{-1}}$
1 J	1	6.24151×10^{18}	6.02214×10^{20}	5.03412×10^{22}
1 eV	1.60218×10^{-19}	1	9.64853×10^1	8.06554×10^3
$1\,\mathrm{kJ\,mol^{-1}}$	1.66054×10^{-21}	1.03643×10^{-2}	1	8.35935×10^1
$1\,\mathrm{cm^{-1}}$	1.98645×10^{-23}	1.23984×10^{-4}	1.19627×10^{-2}	1